Rudolf Virchow

Darstellung der Lehre von den Trichinen

Mit Rücksicht auf die dadurch gebotenen Vorsichtsmassregeln, für Laien

und Ärzte

Rudolf Virchow

Darstellung der Lehre von den Trichinen
Mit Rücksicht auf die dadurch gebotenen Vorsichtsmassregeln, für Laien und Ärzte

ISBN/EAN: 9783743674028

Hergestellt in Europa, USA, Kanada, Australien, Japan

Cover: Foto ©berggeist007 / pixelio.de

Weitere Bücher finden Sie auf **www.hansebooks.com**

Darstellung

der

Lehre von den Trichinen,

mit Rücksicht auf

die dadurch gebotenen Vorsichtsmaaßregeln,

für Laien und Aerzte,

von

Rud. Virchow, Dr. med. et phil.

Professor der pathologischen Anatomie, der allgemeinen Pathologie und Therapie,
Direktor des pathologischen Instituts, dirigirendem Arzt an dem Charité-Krankenhause,
Mitglied der Wissenschaftlichen Deputation für das Medicinalwesen im Ministerium
der geistlichen, Unterrichts- und Medicinalangelegenheiten.

Zweite vermehrte Auflage.

Mit fünf Holzschnitten und einer Tafel.

Berlin.

Druck und Verlag von Georg Reimer.

1864.

Die immer häufiger werdenden Beobachtungen über Erkrankungen und selbst Todesfälle bei Menschen, welche durch
einen mikroskopischen Wurm, die Trichine, erzeugt werden, haben
allmählich die Aufmerksamkeit des größeren Publikums erregt und
an vielen Orten den gebührenden Schrecken über eine so große,
in der Nahrung gegebene Gefahr hervorgerufen. Zahlreiche Anfragen von Aerzten und Laien, denen einzeln zu genügen einen
unverhältnißmäßigen Zeitaufwand erfordert, bestimmen mich, zur
Aufklärung des Sachverhältnisses die wichtigsten Thatsachen kurz
zusammenzustellen und durch naturgetreue Abbildungen das Verständniß derselben auch einem größeren Leserkreise, dem die gelehrten Hülfsmittel gar nicht oder wenigstens nicht vollständig zu-
gänglich sind, zu erschließen. Ich bemerke dabei ausdrücklich, daß
ich nur Thatsachen berichten und, wo diese noch nicht ganz ausreichen, die Lücken unseres Wissens offen bezeichnen werde. Wenn
die Thatsachen aber zuweilen über das vielen Laien als anstän-
dig erscheinende hinausgehen, so bitte ich das mit der Natur des
Gegenstandes zu entschuldigen. Naturalia non sunt turpia.

Die Trichine, wie sie im Fleisch vorkommt, ist, wie schon gesagt, ein mikroskopisches Thierchen, oder mit anderen Worten, sie ist für das unbewaffnete Auge unter den gewöhnlichen Verhältnissen unsichtbar.

Man muß deshalb nicht meinen, wie ich hier und dort gehört habe, daß sie den kleinsten Infusorien gleichzustellen sei, von denen manche Laien fälschlich glauben, daß sie überall, in jedem Wassertropfen und in jedem Lufttheilchen, in großen Mengen vorkommen. Reines Wasser, reine Luft, reines Fleisch enthält weder Infusorien, noch sonst irgend eine andere Art von Thieren. Nur unreine, faulige oder verdorbene Flüssigkeiten oder organische Theile können Infusorien enthalten, doch ist dies keineswegs jedesmal der Fall. Mit solchen, mehr oder weniger allgemein verbreiteten Thierchen hat die Trichine nichts gemein. Sie gehört in eine ganz andere Klasse von Thieren, in die der eigentlichen Würmer, und sie findet sich nur unter ganz besonderen Bedingungen. Auch ist sie nicht so klein, daß sie deswegen allein für das bloße Auge nicht wahrnehmbar wäre; im Gegentheil können wir andere Körper von gleicher Kleinheit noch sehr bequem sehen. Nicht selten erreicht sie eine Länge von $\frac{1}{3} - \frac{1}{2}$ Linie.

Allein ihr Körper ist in hohem Grade durchsichtig, was sich daraus erklärt, daß die einzelnen Theile und Organe desselben sehr wenig entwickelt sind. Wäre der Körper undurchsichtig, würfe er das auffallende Licht zurück, so würde man bei aufmerksamer Betrachtung und gutem Auge das Thier jedenfalls leicht sehen. Dieß läßt sich aber nur ermöglichen, wenn man die günstigsten Umstände der Betrachtung vereinigt. Bringt man eine Trichine, deren Körper zusammengerollt, also auf einen kleineren Raum zusammengedrängt ist und dadurch auf diesem Raum eine größere Menge fester Substanz sammelt, in einem Tröpfchen Wasser auf eine Glasplatte und legt diese auf eine schwarze Unterlage, so erblickt man ein weißliches Pünktchen. Mehr ist freilich nicht zu sehen, und auch so ist es ganz unmöglich, zu erkennen, daß dieß Pünktchen ein Thier ist.

Sehr häufig ist das Thier in dem Fleisch eingeschlossen in eine besondere Kapsel, in eine Art von Säckchen ohne Oeffnung, in eine sogenannte Cyste. Diese Kapsel hat zuweilen eine sehr beträchtliche Größe und Dicke. Ist sie noch unvollständig und zart, so ist auch sie für das bloße Auge kaum erkennbar; wird sie aber mehr und mehr ausgebildet, nimmt sie an Dicke und Dichtigkeit zu, und lagern sich endlich in sie Kalksalze ab, so setzt sie dem Durchgange des Lichtes immer mehr Hindernisse entge- gen, sie wird undurchsichtig und erscheint endlich dem bloßen Auge als ein kleines, weißliches Körperchen.

Diese Körperchen waren es, welche vor etwa 30 Jahren die Auf- merksamkeit der Aerzte erregten. Ein englischer Anatom, Hilton, scheint der erste gewesen zu sein, der sie genauer untersuchte. Er hielt sie für thierische Gebilde, aber er erkannte noch nicht den in ihnen enthaltenen Wurm. Erst 1835 wurde dieser von dem berühmten Zoologen Owen beschrieben und von ihm mit dem Namen der Trichina spiralis belegt, weil der Körper so fein, wie Haare (triches), und zugleich spiralförmig aufgerollt zu sein pflegt. Eine Reihe von Beobachtern in England, Deutschland, Dänemark, Frankreich und Nordamerika stellten nach und nach das Vorkommen eingekapselter Trichinen bei Menschen dieser ver- schiedenen Länder fest. Bei Thieren stehen die Fälle noch sehr verein- zelt. Man fand sie bei der Katze [1]), bei Krähen, Dohlen, Ha- bichten und andern Vögeln, sowie bei Maulwürfen [2]) und Schwei-

---

[1]) C. F. Gurlt, Nachträge zu dem ersten Theile seines Lehrbuches der pathologischen Anatomie der Hausthiere. Berlin. 1849. S. 144.

[2]) Jul. Vogel, Pathologische Anatomie des menschlichen Körpers. Leip- zig. 1845. S. 422. Herbst, über die Natur und die Verbreitungsweise der Trichina spiralis. Nachrichten von der G. A. Universität und der Königl. Gesellschaft der Wissenschaften zu Göttingen. 1852. Nr. 12. S. 183.

neu [1]); jedoch ist es noch jetzt nicht ausgemacht, ob alle diese Befunde derselben Art angehören oder ob nicht vielmehr eine an= dere Species, die Trichina affinis [2]), mit untergelaufen ist.

Obwohl nun unter den Gelehrten darüber Streit bestand, ob die Kapsel, in welcher sich das Thierchen befindet, ganz oder nur theilweise oder gar nicht zu dem Thier, als ein Theil desselben gehört, so gewöhnte man sich doch allmählich daran, Kapsel und Thier als Eines zu betrachten und nur solches Fleisch als trichinisches anzusehen, in welchem man mit bloßem Auge die weißen Körperchen erkennen konnte.

Diese Auffassung konnte nur unter einer Voraussetzung rich= tig sein. Wenn die Kapsel eine Eischale war, wenn also die Thiere sich an dem Orte, wo sie gefunden wurden, aus Eiern entwickelten, so mußte allerdings unter allen Umständen die Kap= sel von Anfang an vorhanden sein. Dieß war jedoch in hohem Maaße unwahrscheinlich, und es hat sich auch bei späterer ge= nauerer Untersuchung ergeben, daß von Eiern hier nicht die Rede sein kann. Damit gewinnt natürlich die Kapsel eine andere Be= deutung. Mochte sie nun eine Absonderung, ein Erzeugniß des Thieres, oder eine Bildung des menschlichen Körpers, in welchem sich das Thier befindet, sein, so mußte doch irgend eine Zeit existi= ren, wo das Thier nicht eingekapselt, wo es frei war. Allein Niemand hatte beim Menschen solche freien Trichinen gesehen. Die erste Beobachtung dieser Art wurde im Jahre 1860 durch Zenker [3]) in Dresden gemacht, in einem tödtlichen Falle von

---

[1]) Jos. Leidy, Ann. and Magaz. of nat. hist. 1847. pag. 358. Frorieps N. Notizen. 1847. III. S. 219.

[2]) Diesing, Revision der Nematoden. Sitzungsberichte der mathematisch= naturwiss. Classe der k. Akademie der Wissenschaften zu Wien. 1861. Bd. XLII. S. 694.

[3]) Zenker, Ueber die Trichinen=Krankheit des Menschen. Mein Archiv für pathologische Anatomie und Physiologie und für klinische Medicin. Bd. XVIII. S. 561.

Trichinenkrankheit, der auch sonst von großer Bedeutung gewor=
den ist und auf den ich noch mehrfach zurückkommen werde.

Wir wissen jetzt, daß eine längere Zeit, mindestens von zwei
Monaten, nöthig ist, um eine vollständige Kapsel zu erzeugen, und
daß ein Mensch oder ein Thier, welche so lange am Leben blei=
ben, daß die in ihnen vorhandenen Trichinen eingekapselt werden,
ziemlich über die Periode der Gefahr hinausgekommen sind. Wir
können daher auch sagen, daß alle Beobachtungen über das
Vorkommen von Trichinen beim Menschen, welche bis
zum Jahre 1860 gemacht worden sind, sich auf ge=
heilte Fälle beziehen.

Man wird es deshalb leicht begreiflich finden, daß sich mehr
und mehr die Meinung verbreitete, die Trichine sei ein ganz un=
schädliches Thier, welches mehr als eine Curiosität zu betrachten sei.
Die practischen Aerzte verloren das Interesse daran und über=
ließen es den Anatomen und Zoologen, den Gegenstand als einen
rein wissenschaftlichen weiter zu verfolgen.

In der That hatte derselbe ein sehr hohes wissenschaft=
liches Interesse, und diesem Umstande hauptsächlich ist es zu
danken, daß sich auch hier das alte Wort von dem Steine, den
die Bauleute verwarfen und der dann zum Eckstein ward, be=
stätigt hat. Das Wunderbare an der Trichine war nämlich, daß
man nicht bloß in völliger Ungewißheit darüber sich befand, wo=
her sie komme und wie sie in das Fleisch lebendiger Menschen
hineingelange, sondern auch an ihr nichts zu entdecken vermochte,
was auf eine Fortpflanzung hindeutete. Denn man fand weder
Junge, noch Eier, noch überhaupt entwickelte Geschlechtsorgane.

Bis vor nicht sehr langer Zeit hatte man sich in solchen
Fällen freilich zu helfen gewußt, indem man eine sogenannte
Urzeugung (Epigenese, Generatio aequivoca s. spontanea) an=
nahm. Seit alten Zeiten hatte sich nicht bloß im Volk, sondern
auch bei einer gewissen Zahl von Forschern die Meinung erhalten,

daß aus gewissen Stoffen, besonders aus allerlei Unrath oder fauligem Wesen, lebendige Thiere, namentlich Ungeziefer, entstehen könnten. Dahin rechnete man namentlich auch die meisten der Eingeweidewürmer, bei denen man am allerwenigsten begriff, wie sie mitten in anderen Thieren vorkommen könnten, wenn sie nicht in ihnen selbst gleichsam durch eine neue Schöpfung entstanden wären. Bei den Trichinen lag ein solcher Gedanke um so mehr nahe, als sie dem Anschein nach ganz geschlechtslos waren und aller der Eigenschaften entbehren, an welche sonst das Fortpflanzungsgeschäft geknüpft ist. Dazu kam, daß sie sich in ganz ungeheuren Mengen finden, indem in manchen Fällen Millionen von Trichinen in einem Menschen gleichzeitig vorhanden sind. Eine so große Zahl ist von keinem anderen menschlichen Eingeweidewurm jemals beobachtet worden. Sollte man also nicht gerade bei den Trichinen am ersten vermuthen, daß sie aus irgend welchen Unreinigkeiten im Körper ihren Ursprung nähmen?

Am meisten gleichen die Trichinen in dieser Beziehung gewissen Blasenwürmern, insbesondere den Finnen, welche bekanntermaßen bei Schweinen nicht selten sind, aber auch beim Menschen oft genug gefunden werden. Die Finnen oder Cysticerken unterscheiden sich dadurch von den Trichinen, daß sie ungleich größer sind. Während die Trichinen, auch wenn man die Kapseln zu dem Thiere rechnet, höchstens einen kleinen weißen Punkt oder eine feine Linie darstellen, so pflegen die Cysticerken die Größe einer Erbse, zuweilen die einer kleinen Kirsche oder Bohne zu erreichen. Eine Verwechselung beider ist daher selbst für den Ungeübten nicht möglich. Aber auch die Finnen sind geschlechtslos, sie haben nie Eier, sie kommen häufig in großer Zahl vor, sie sitzen im Fleisch, sie sind also in vielen Stücken den Trichinen sehr ähnlich, und auch bei ihnen schien die Entstehung durch Urzeugung die wahrscheinlichste.

Schon die besseren Untersucher des vorigen Jahrhunderts, namentlich der verdiente Quedlinburger Pastor Göze, haben bemerkt, daß der Finnenwurm eine große Uebereinstimmung des Baues mit dem Kopfe eines Bandwurmes besitzt, und sie hatten beide, den Finnenwurm und den Bandwurm, deßhalb zu einem und demselben Geschlecht, dem der Tänien, gerechnet. Indeß betrachteten sie doch beide als getrennte Arten (Species) desselben Geschlechts (Genus), welche neben einander beständen, wie etwa Esel und Pferd, Hund und Wolf, ohne jemals in einander über- oder auseinander hervorzugehen. Erst die weiter gehende Forschung der neueren Zeit führte zu dem Gedanken, daß das Verhältniß ein näheres und der Finnenwurm ein wirklicher, unter besonderen Bedingungen abweichend entwickelter Bandwurm sei. Allein die unmittelbare Erfahrung, wie sie zuerst von Küchenmeister auf dem Wege des Versuches gewonnen wurde, lehrte, daß auch diese Vermuthung noch nicht die ganze Wahrheit ausdrückte. Es ergab sich vielmehr, daß der Finnenwurm des Fleisches, wenn er von einem Thiere oder Menschen gegessen wird, sich im Darm desselben in einen Bandwurm verwandelt oder vielmehr zu einem Bandwurm entwickelt, daß also derselbe Wurm eine Zeit lang in dem Finnenzustand lebt, um später in den Bandwurmzustand überzugehen.

Schwieriger war die Frage, wie der Wurm in den Finnenzustand und in das Fleisch gelangt. In dem Bandwurmzustand erzeugt er an seinem hinteren Leibesende durch Wachsthum und Abschnürung immer neue Glieder, von denen jedes in sich nicht bloß Eier, sondern auch lebendige Junge hervorbringt. Diese schlüpfen aber aus der Eischale erst aus, nachdem sie mit den Stuhlgängen aus dem Körper entleert worden und auf irgend eine Weise, sei es mit der Nahrung, sei es mit dem Getränk, sei es sonstwie zufällig, wieder von einem Thiere oder Menschen genossen sind. Sobald sie in den Magen gelangt sind, so löst sich

die Schale, die jungen, dann noch ganz kleinen Thierchen wer=
den frei, durchdringen die Darmwand und gelangen durch active
und passive Wanderung in verschiedene Theile des Körpers, um
sich zu Finnenwürmern zu entwickeln.

Es ist dies eine lange und in hohem Maaße dem Zufalle
überlassene Entwicklungsreihe. Der Finnenwurm muß, in der
Regel mit dem Fleische, worin er enthalten ist, gegessen werden,
um zum Bandwurm zu werden, und die von diesem in seinen
einzelnen Gliedern erzeugten Eier und Jungen müssen wiederum
genossen oder wenigstens eingenommen werden, um in das Innere
des Körpers und namentlich in das Fleisch einbringen und sich
hier zu neuen Finnenwürmern ausbilden zu können. Es findet
hier also nicht bloß ein mehrfacher Ortswechsel, sondern auch ein
Generationswechsel statt; denn ein jedes Bandwurmglied ist we=
nigstens ein Repräsentant einer besonderen Generation.

Mit diesen Erfahrungen war die alte Lehre von der Urzeu=
gung der Eingeweidewürmer auf das Tiefste erschüttert. Wenn
selbst so große Thiere, wie die Finnenwürmer, regelmäßig von
Generation zu Generation und zwar aus Eiern erzeugt werden,
um durch besondere Wanderungen vom Darm in das Fleisch (die
Muskeln) zu gelangen, so lag es überaus nahe, zu vermuthen,
daß mit den Trichinen etwas Aehnliches vorgehe. Eine wirkliche
Entscheidung darüber ließ sich natürlich nur auf dem Wege des
Versuches gewinnen.

Diesen Weg betrat zuerst Herbst in Göttingen, und er
fand in der That, daß Thiere, die mit trichinischem Fleische ge=
füttert waren, später wieder Trichinen in ihren Muskeln hatten.
Seine Versuche hatten aber einen doppelten Mangel. Einmal
war nicht festgestellt, daß die von ihm zur Fütterung verwendeten
Trichinen mit den beim Menschen vorkommenden identisch seien;
andermal war es ihm nicht geglückt, die Geschichte der Vorgänge
zwischen der Zeit, wo die zur Fütterung verwendeten Trichinen in

den Magen gelangten, und derjenigen, wo sich wieder Trichinen in den Muskeln fanden, zu ermitteln. Gab es hier auch einen Ge= nerationswechsel? verwandelten sich die Trichinen im Darm in einen anderen Eingeweidewurm? erzeugten sie Eier? oder waren es dieselben Trichinen, welche zur Fütterung verwendet wurden, die man nachher in den Muskeln wiederfand?

Weitere Fütterungsversuche, namentlich von Küchenmeister, ergaben kein Resultat, doch stellte der letztgenannte die Vermuthung auf, daß die Trichine im Darm sich in einen andern bekannten Eingeweidewurm, den Trichocephalus, verwandele, daß also die Trichine der Jugendzustand des Trichocephalus sei. Diese Ver= muthung schien sich Anfangs zu bestätigen.

Leuckart in Gießen, der schon früher nach der Fütterung von trichinischem Fleische bei Mäusen freie Trichinen im Darm= schleim gefunden hatte, ließ am 28. September 1859 der Pariser Akademie die Mittheilung machen, daß es ihm gelungen sei, bei einem Schweine Trichocephalen in großer Menge aus Trichinen zu erziehen.

Ich war inzwischen zu einem anderen Resultate gekommen. Bei einem Hunde, dem ich eingekapselte, aber lebende Trichinen vom Menschen beigebracht hatte, fand ich schon $3\frac{1}{2}$ Tage nach der Fütterung zahlreiche, freie und sehr gewachsene Thiere im Darm, welche zugleich eine volle geschlechtliche Entwickelung gemacht hatten. Ich konnte männliche und weibliche Thiere unterscheiden und in ihrem Leibe fand ich zahlreiche Eier und Samenzellen. Meine ersten Mittheilungen darüber machte ich in der Sitzung der Gesellschaft für wissenschaftliche Medicin zu Berlin am 1. August 1859,[1]) genauere in meinem Archiv.[2]) Ich zeigte zugleich, daß

---

[1]) Deutsche Klinik. 1859. S. 430. Compt. rend. de l'Acad. des sciences. T. XLIX. p. 660.

[2]) Archiv für pathol. Anat. und Physiol. Bd. XVIII. S. 342.

die Kapfel, in welcher das Thier eingeschlossen im Fleische gefunden wird, nichts anderes sein könne, als eine veränderte Muskelfaser, ein entartetes Primitivbündel, daß also die Thiere in die
eigentlichen Formelemente des Fleisches eindringen müßten.

Beides ist durch spätere Fütterungsversuche, zunächst durch
Leuckart und mich selbst, sodann durch Turner, Claus und Andere bestätigt worden. Insbesondere der durch Zenker im Januar
1860 beobachtete und schon erwähnte Fall gab sowohl Leuckart
als mir neues Material zu Versuchen. Ersterer hat darüber in
einer größeren Schrift ausführlich berichtet [1]; ich habe meine Erfahrungen zuerst in einer kürzeren Notiz in meinem Archiv [2]), so
dann in einer längeren Mittheilung an die Pariser Akademie [3])
veröffentlicht. Das Hauptergebniß der beiderseitigen, unter viel-
facher brieflicher Verständigung angestellten Versuche war das,
daß die gefütterte Trichine aus dem Fleisch (Muskeltrichine)
sich im Darm in kurzer Zeit zu einem erwachsenen, aber sonst
nicht weiter verwandelten Thier (Darmtrichine) ausbildet,
welches Eier und lebendige Junge in sich erzeugt, und daß diese
lebendigen Jungen, ohne das befallene Thier zu verlassen, sofort
die Darmwand durchbringen, in den Körper und speciell in die
Muskelfasern einwandern und, wenn das betroffene Thier nicht
früher zu Grunde geht, hier endlich eingekapselt werden, um auf
den Augenblick zu harren, wo sie wieder von einem anderen Thiere
oder Menschen verspeist werden.

Es verhalten sich demnach die Trichinen in einer Beziehung
ganz anders, als die Band- und Finnenwürmer. Sie brauchen
nicht zweimal, sondern nur einmal genossen zu werden, um eine

---

[1] Leuckart, Untersuchungen über Trichina spiralis. Leipzig u. Heidelb.
1860.

[2] Mein Archiv. 1860. Bd. XVIII. S. 535.

[3] Compt. rend. T. LI. p. 13. vgl. Gaz. méd. de Paris. 1860. No. 28.
p. 440.

nene, den Körper durchwandernde Brut hervorzubringen. Die Gefahr ist demnach ungleich größer, ganz abgesehen davon, daß Band- und Finnenwürmer kaum jemals lebensgefährliche Zufälle hervorrufen, während wir gegenwärtig schon eine große Zahl von Fällen kennen, in welchen der Tod durch Trichinen bedingt worden ist.

Andererseits stimmen die Muskeltrichinen und die Finnenwürmer darin überein, daß nicht dieselben Thiere, welche mit dem Fleische genossen werden, vom Darm aus in die Muskeln einwandern, sondern daß sie im Darm junge Brut erzeugen und daß erst diese Brut in die Muskeln gelangt.

Nach dieser allgemeinen Uebersicht von der Entwickelung unseres Wissens über die Trichinen werde ich jetzt die Hauptpunkte etwas genauer durchgehen.

---

1) Wie erkennt man die Trichinen im Fleische?

Schon im Eingange habe ich hervorgehoben, daß abgesehen von dem besonderen Fall, wo man unter den günstigsten Bedingungen einen isolirten Wurm beobachtet, die Trichinen als solche im Fleische nicht mit unbewaffnetem Auge zu erkennen sind, und daß das, was man bequem mit bloßem Auge sehen kann, eigentlich die Kapseln sind. Betrachten wir daher zunächst diese letzteren.

Wenn eine junge Trichine in eine Muskelfaser hineingekrochen ist, so bewegt sie sich, wie es scheint, in der Regel eine gewisse Strecke fort. Sie durchbricht dabei die feineren Bestandtheile des Faserinhaltes und wirkt wahrscheinlich schon dadurch zerstörend auf die innere Zusammensetzung der Faser. Aber es läßt sich auch nicht bezweifeln, daß sie von dem Inhalt derselben selbst Theile in sich aufnimmt. Sie hat Mund, Speiseröhre und Darm: sie wächst im Laufe weniger Wochen um ein

Vielfaches, vielleicht um das Dreißig= oder Vierzigfache; sie muß also Nahrung aufnehmen und diese kann sie nicht anderswoher beziehen, als aus der Umgebung, in der sie sich befindet. Wenn sie auf diese Weise die Muskelsubstanz, den Fleischstoff unmittelbar angreift, so wirkt sie zugleich reizend auf die umliegenden Theile. Um diese Wirkungen zu verstehen, muß man sich die Zusam=menfetzung des Fleisches (der Muskeln) vergegenwärtigen. Schon für das bloße Auge besteht alles Fleisch aus kleinen, parallel neben einander gelagerten und durch ein zartes Bindegewebe zu=sammengehaltenen Faserbündeln. Jedes Bündel läßt sich mit feinen Nadeln leicht in kleinere Bündelchen und diese wieder in einzelne Fasern zerlegen. Mikroskopisch zeigt sich auch die ein=zelne Faser wieder zusammengesetzt. Außen besitzt sie eine struktur=lose, cylindrische Hülle; in dieser liegt der eigentliche Fleisch= stoff, der seinerseits aus kleinsten Körnchen besteht. Diese Körn=chen sind der Länge nach in Form von allerfeinsten Fäserchen (Primitivfibrillen), der Breite nach in Form von Plättchen (Fleischscheiben) angeordnet. Zwischen ihnen befinden sich in kleinen Abständen gewisse, mit Kernen versehene Gebilde, die so=genannten Muskelkörperchen. Bei einer stärkeren Vergröße=rung stellt sich sonach die einzelne Faser als ein sehr zusammen=gefetztes Gebilde, gewissermaaßen als ein von einer gemeinschaft=lichen Hülle oder Haut umfaßtes Bündel von Fäserchen (Primi=tivfibrillen) dar, und das ist der Grund gewesen, weshalb die deutschen Anatomen die „Faser" mit dem Namen des Primitiv=bündels belegt haben.

Die zerstörende Wirkung, welche die Trichinen ausüben, gibt sich nun hauptsächlich an dem eigentlichen Fleischstoff und zwar wesentlich an den Körnchen, Primitivfibrillen und Scheiben kund. Diese verschwinden im größten Theile der Faser mehr und mehr, und die letztere magert in dem Verhältniß dieses Schwindens ab. Die reizende Wirkung hingegen tritt am meisten an der Hülle und an den Muskelkörperchen, namentlich an den Kernen derselben hervor, am stärksten an der Stelle, wo das Thier dauernd liegen bleibt. Die Hülle verdickt sich hier allmäh= lich, die Kerne der Muskelkörperchen vermehren sich, die Körper= chen selbst vergrößern sich, zwischen sie lagert sich eine derbere Substanz ab, und so entsteht nach und nach um das Thier herum eine festere und dichtere Masse, an welcher man noch lange die äußere Hülle und die innere Wucherung unterscheiden kann.

Je größer das Thier wird, um so mehr rollt es sich ein, indem es Kopf= und Schwanzende einkrümmt und, wie eine Uhr= feder, spiralförmig zusammengewickelt liegt. In der Regel berührt diese Spirale an einem gewissen Theile ihres Umfanges die Fa= serhaut oder Hülle unmittelbar, während über und unter dieser Stelle die aus der Wucherung des Inhaltes hervorgehende Masse liegt [1]). Hier ist daher die Kapsel von Anfang an dicker und weniger durchsichtig.

Diese Vorgänge bilden sich hauptsächlich in der 3. bis 5. Woche nach der Einwanderung aus. Von da an nimmt die Dicke der Kapsel mehr und mehr zu, und zwar verdichtet sich insbesondere der Inhalt, weniger die Hülle. Der mittlere Theil der Kap= sel, wo eben das aufgerollte Thier liegt, erscheint bei mässiger Vergröße= rung wie eine helle, kugelige oder eiförmige Masse (vergl. die neben= stehende Abbildung), in welcher man das Thier deutlich wahrnimmt. Ueber und unter dieser Stelle finden sich in der Regel zwei Anhänge, welche bei durchfallendem Lichte dunkler, bei auffallendem Lichte weißlich

Fig. 1.

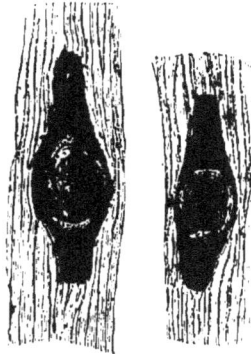

---

[1]) Man vergleiche in der Tafel bei Fig. 3, a.

erscheinen und sich allmählig verdünnen, um in einiger Entfer=
nung mit einem abgerundeten oder abgestumpften Ende aufzuhö=
ren. Häufig haben sie die größte Aehnlichkeit in der Form mit

Fig. 2

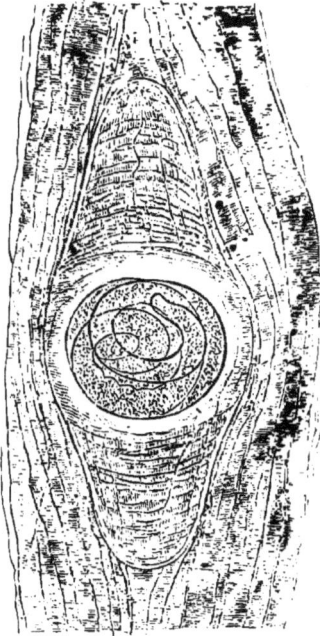

dem Ausschnitt des inneren Augen=
winkels. Sie sind von sehr ver=
schiedener Länge, und auch an der=
selben Kapsel nicht selten ungleich.
Zuweilen fehlen sie ganz, und die
Kapsel bildet ein ganz einfaches Oval
oder sie ist· an den Enden abge=
stumpft (Fig. 3), oder selbst einge=
drückt. Diejenigen Theile der frü=
heren Muskelfaser, welche über sie
hinausliegen, verkümmern inzwischen;
dagegen sieht man in dem umlie=
genden Bindegewebe manchmal eine
starke, wie entzündliche Wucherung,
selbst mit Entwickelung neuer Ge=
fäße.

Ueber diesen Umwandlungen ver=
gehen Monate. Betrachtet man
solches Fleisch mit bloßem Auge, so vermag man kaum etwas
Besonderes an ihm wahrzunehmen. Höchstens wenn man feine
Schnitte davon macht und diese mit Essig oder Lauge betupft,
wodurch sie durchscheinend werden, treten an den Stellen der
Kapseln kleine, weißliche, etwas undurchsichtige Punkte hervor.
Allein diese sind, wenn die Einwanderung nicht sehr zahlreich
war, keineswegs so charakteristisch, daß man daran ohne Anwen=
dung von Vergrößerungsgläsern mit Sicherheit den gefährlichen
Zustand zu erkennen vermöchte. Vielmehr muß man sich wohl
vor Täuschungen hüten. Kleine Fettläppchen, die nicht selten im
Fleisch vorkommen, Durchschnitte von Gefäßen, Nerven oder

fehnigen Strängen, selbst anderweitige parasitische Einlagerungen können dasselbe Bild hervorbringen, und erst bei einer gewissen Vergrößerung sieht man deutlich, um was es sich handelt.

Die dazu nothwendige Vergrößerung ist keineswegs eine starke. Schon bei einer 10= bis 12 maligen vermag man das Verhältniß deutlich zu übersehen und sowohl Kapsel, als Thier zu erkennen. Eine 50=, 100fache oder eine noch stärkere ist frei- lich sehr viel vorzuziehen, insofern dabei jede Möglichkeit der Täuschung ausgeschlossen ist.

Vergeht eine noch längere Zeit nach der Einwanderung, so geschehen weitere Veränderungen an den Kapseln. Die gewöhn= lichste ist die, daß sich Kalksalze ablagern, oder, wie man wohl sagt, daß die Kapseln verkreiden. Früher glaubte man viel- fach, daß die Thiere selbst verkreideten. Dieß ist äußerst selten der

Fig. 3.

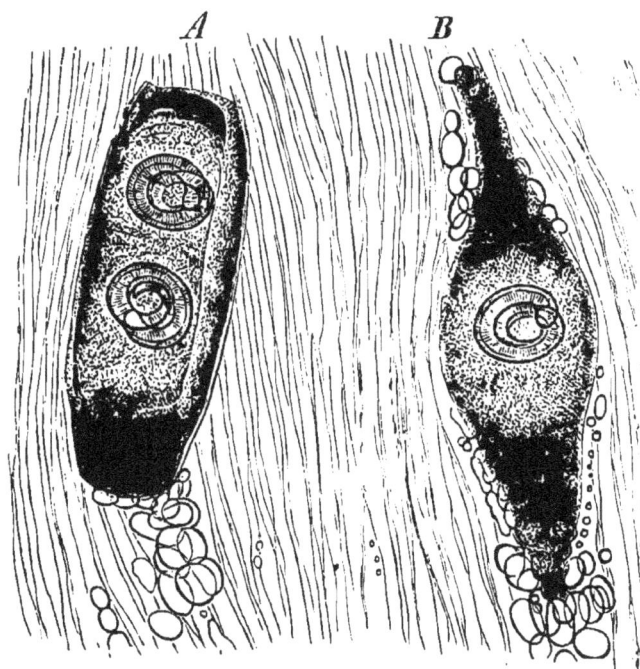

Fall. In der Regel beginnt die Verkreidung an der verdickten Inhaltsmasse, während die eigentliche Hülle zunächst noch frei bleibt. Die Kalksalze treten in Form sehr feiner Körnchen auf, welche bei auffallendem Lichte weiß, wie Kreide, bei durchfallendem Lichte (wie es gewöhnlich bei Mikroskopen angewendet wird) dunkel, schattig oder geradezu schwarz aussehen. Nimmt die Kalkmasse sehr zu, so überzieht sie endlich das ganze Thier und man kann auch unter dem Mikroskop von demselben nichts mehr wahrnehmen, selbst wenn es ganz unversehrt ist. Es steckt dann in einer Kalkschale, wie ein Vogelei.

Ist der Mensch, in welchen die Trichinen eingewandert sind, gut genährt, so tritt dazu noch eine andere Veränderung. Es lagert sich nämlich außen um die Kapsel, namentlich um ihre Anhänge oder Fortsätze, Fettgewebe ab[1]. Erreicht diese Ablagerung eine gewisse Stärke, so bildet sich über und unter der Kapsel ein förmliches Fettklümpchen, welches für die Betrachtung mit bloßem Auge die Stelle der Kapsel noch deutlicher hervortreten läßt, als es durch die kreidige Ablagerung ohnehin der Fall ist. Denn von dem Augenblick an, wo die letztere in einer gewissen Reichlichkeit erfolgt, wird die Kapsel für das bloße Auge als ein weißer Punkt sichtbar, und das ist gerade der Zustand, auf welchen sich fast alle älteren Beobachtungen beziehen (S. 7).

Auf der beigefügten Tafel in Fig. 1 ist dieser Zustand von einem menschlichen Muskel dargestellt. Man sieht an der Oberfläche des rothen, der Länge nach durch seine Bündel streifig erscheinenden Fleischstückes, wie es für das bloße Auge aussieht, eine gewisse Zahl rundlicher oder eiförmiger Punkte, an denen bei recht genauer Betrachtung noch die hellere, mehr durchscheinende Mitte zu erkennen ist, welche der Lage des eigentlichen Wurms entspricht (vergl. die Holzschnitte 1 und 2 auf S. 15 und 16). Es

---

[1] In Fig. 3 (S. 17) sieht man die Fettzellen an den Enden der Kapseln als rundliche Blasen.

war dies ein geheilter Fall, in welchem die Kalkablagerung (Ver=
kreidung) sich auf die beiden Anhänge beschränkte. Geht dieselbe
über die ganze Kapsel fort, so wird die letztere natürlich noch mehr
sichtbar.

Betupft man solches Fleisch mit einer Säure, z. B. mit
starker Essigsäure, noch besser mit schwacher Salzsäure, so löst diese
die Kalksalze auf, und die weiße Stelle verschwindet zum größten
Theile. Indeß ist dieser Versuch etwas unsicher, sobald man an
großen Fleischstücken operirt, denn die Säuren erzeugen leicht ge=
wisse Niederschläge aus dem Fleischsaft und machen dadurch die
ganze Oberfläche trüb und undeutlich. Am besten verfährt man
daher so, daß man kleine Stücke mit einer feinen Scheere ab=
schneidet, diese mit Nadeln zerzupft und die Kapseln so viel als
möglich aus dem Fleische frei macht. Nimmt man diese Zerstücke=
lung auf einem Glase vor, welches auf einer dunkeln Fläche
liegt, so kann man die Kapseln als weiße Körnchen deutlich sehen
und die lösende Einwirkung der Säure gut verfolgen.

Natürlich ist auch diese Untersuchung sehr viel sicherer, wenn
man sich nicht auf das bloße Auge beschränkt, sondern ein Ver=
größerungsglas zu Hülfe nimmt. Indeß ist für Jemand, der
einige Erfahrung besitzt, das Bild der verkreideten Kapseln so cha=
rakteristisch, daß eine Verwechselung unmöglich ist. Für die Fleisch=
schau genügt es in einem solchen Falle vollkommen, das
Fleisch sorgfältig zu betrachten, und falls sich weiße Punkte darin
zeigen, den Versuch in der angegebenen Weise mit der Säure zu
machen. Klären sich die weißen Punkte durch die Säure auf, so
ist die Sache sicher; bleiben sie dagegen weiß, so ist die Wahr=
scheinlichkeit vorhanden, daß Fettklümpchen, Durchschnitte von
Nervenfasern oder Aehnliches zugegen sind. Dabei muß man sich
aber wohl erinnern, daß auch neben den verkalkten Kapseln
Fettklümpchen sein können und daß daher der negative Er=
folg des Versuches weniger beweiskräftig ist, als der

positive. Dieß gilt insbesondere für die Fälle, wo wenige Trichinen vorhanden sind. Denn gerade da tritt am häufigsten Heilung und in Folge davon Verkreidung und Fettablagerung ein: auch ist das ganze Bild dann weniger charakteristisch. Es versteht sich daher von selbst, daß hier eine Untersuchung mit Hülfe von Vergrößerungsgläsern allein eine genügende Sicherheit gewährt.

Ich muß hier noch eines besonderen Falles gedenken. Schon vor längerer Zeit hatte Miescher[1]) in den meisten Muskeln einer Hausmaus eigenthümliche, schon mit bloßem Auge sichtbare, weiße Streifen bemerkt, welche bei der mikroskopischen Unter= suchung sich als cylindrische Schläuche erwiesen. Jeder Schlauch enthielt eine Menge kleiner länglicher, nierenförmiger oder rund= licher Körperchen, von denen es zweifelhaft blieb, ob sie parasitischer Natur seien oder eine bloße Krankheit der Muskeln darstellten. Später hat v. Heßling[2]) dieselben Gebilde beim Reh, nament= lich aber im Herzfleisch des Ochsen, des Kalbes und besonders des Schaafes gefunden; v. Siebold und Bischoff[3]) beobach= teten sie bei Ratten. Neuerlichst wurden mir aus Aschersleben Fleischstücke vom Schwein durch die Herren Dr. Gründler und Archidiaconus Ab. Schmidt nebst Zeichnungen des letzteren über= sendet, welche sich auf dieselben Gebilde beziehen. Ich habe mich bei der Untersuchung überzeugt, daß sie mit denen des Schaaf= herzens im Wesentlichen übereinstimmen, und es ist mir kein Zweifel darüber geblieben, daß es sich nicht um ein krankhaftes Erzeugniß, sondern um parasitische Gebilde handelt. Allein ich bin nicht zu einem Abschluß darüber gelangt, ob es, wie v. Sie= bold meint, pflanzliche, den schimmelartigen Entophyten zuzuzäh=

---

[1]) Miescher, in dem Bericht über die Verhandlungen der naturforschen= den Gesellschaft in Basel. 1843. S. 143., vgl. die Abbildungen bei v. Sie= bold in der Zeitschr. für wiss. Zoologie Bd. V. Taf. X. Fig. 10—11.

[2]) v. Heßling, Zeitschrift für wiss. Zoologie Bd. V. S. 196.

[3]) Ebendaselbst S. 201.

lende oder thierische Körper sind. Am meisten scheinen sie einer gewissen Form der Psorospermien und Gregarinen nahe zu stehen[1]). Jedenfalls haben die Schläuche, in denen sie sich finden, häufig eine große Aehnlichkeit im Aussehen für das bloße Auge mit Trichinenkapseln, und ich erwähne sie daher hier, um Verwechselungen vorzubeugen. Ob sie schädlich sind und Gefahren bringen, vermag ich nicht zu beurtheilen; bis jetzt liegen keine Anhaltspunkte dafür vor. Indeß können weitere Beobachtungen dieselben herausstellen. Für jetzt mag es genügen, zu erwähnen, daß diese Schläuche sich dadurch von Trichinen unterscheiden, daß sie bis jetzt wenigstens nie verkreidet gefunden sind, daß die Kapsel nicht den Muskeln anzugehören scheint, und daß sich in ihnen keine Würmer, sondern eben nur die erwähnten, sehr kleinen, ei- oder nierenförmigen Körperchen finden. Es beweist aber dieser Befund auf das Klarste, daß nur das Mikroskop bei der Prüfung des Fleisches entscheidend sein kann.

Kehren wir nun zu den Trichinen zurück, so fragt es sich weiter, wenn man ihre Anwesenheit feststellen will:

Wo soll man untersuchen? von welchen Stellen soll man das Fleisch nehmen? Selbst in Fällen schwacher Trichinenerkrankung kommt darauf nicht viel an, denn die Trichinen finden sich in der Regel an allen möglichen Muskeln, an den kleinsten, wie an den größten, an denen des Rumpfes, wie an denen des Kopfes und der Glieder. Nur eine Muskelmasse pflegt eine Ausnahme zu machen, nämlich das Herz, und daher kann man sagen, daß der Genuß des Herzfleisches überall mit der größten Sicherheit zugelassen werden kann.

Wenn aber auch die Trichinen sich über alle möglichen Muskeln verbreiten und sich an allen möglichen Theilen derselben vorfinden, so pflegen sie doch an gewissen Stellen derselben reich-

---

[1]) Zu einer ähnlichen Auffassung ist unabhängig von mir auch Waldeyer in Königsberg (Centralbl. für die medicin. Wiss. 1863. Nr. 54) gelangt.

licher zu sein. Dieß sind einerseits die Kiefer- und Halsmuskeln, sowie das Zwerchfell, andererseits die Enden der Muskeln, diejenigen Abschnitte derselben, welche dicht vor ihrem Ansatze an Sehnen oder Knochen liegen. Besonders deutlich sind die sehnigen Ansätze. In der nebenstehenden Figur ist ein Theil eines Waden-

Fig. 4.

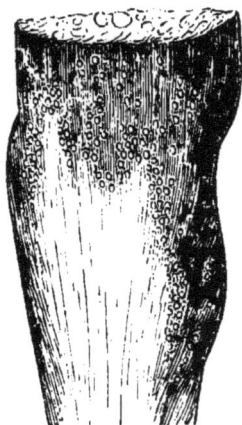

muskels vom Menschen gezeichnet, der diese Anhäufung der Trichinen um den sehnigen Ansatz deutlich zeigt. Die weißen, leichtstreifigen Stellen bezeichnen die Sehne, die dunklen, dichter gestreiften den Muskel. Rings um den Ansatz des letzteren, in einer geringen Entfernung von dem Ende der dunklen Masse sieht man den dichten Kranz der Trichinenkapseln.

Diese eigenthümliche Erscheinung dürfte sich daraus erklären, daß die größere Zahl der Trichinen auf ihrer Wanderung in den Primitivbündeln der Muskeln bis gegen die Enden derselben vordringt und erst da Halt macht, wo sich ihrer Weiterwanderung gewisse Widerstände entgegenstellen. Für die Erkenntniß der Krankheit beim Menschen folgt daraus die wichtige praktische Forderung, daß, wenn man ein Theilchen des Muskels behufs einer genaueren Untersuchung des Falles herausschneiden oder reißen will, man am zweckmäßigsten in der Nähe des Muskelansatzes operirt.

Alles bisher Gesagte bezieht sich überwiegend auf eingekapselte Trichinen, bei denen womöglich schon Verkreidung stattgefunden hat. Wie soll man nun aber die nicht eingekapselten oder die in der Einkapselung begriffenen Thiere erkennen?

Dieß ist ohne Vergrößerungsgläser ganz und gar unmöglich. Allerdings habe ich mich überzeugt, daß, wie schon oben erwähnt,

eine ausgewachsene Fleischtrichine, wenn sie ganz frei und ein=
gerollt liegt, mit bloßem Auge als weißer Punkt zu erkennen ist.
Aber zu erkennen, daß dieser Punkt ein Thier ist, das würde ich
mir nicht getrauen. Die Bewegungen, welche ein aus dem Fleisch
freigemachtes Thier ausführt, sind äußerst langsam und wenig aus=
giebig. Ortsveränderungen des ganzen Thieres kommen dabei
fast gar nicht vor, wenn nicht ungewöhnlich günstige Bedingungen
vorhanden sind; gewöhnlich beschränkt sich das Thier darauf, sei=
nen Ring oder seine Spirale etwas zu erweitern und wieder zu
verengern, wie eine sich bewegende Uhrfeder. Allein die Excur=
sionen dieser Bewegungen sind so gering, daß sie sich dem bloßen
Auge entziehen. Streckt sich das Thier aber wirklich in seiner
ganzen Länge aus, so wird es gewiß unsichtbar, weil dann der
sehr schmale, äußerst durchsichtige Leib dem Durchgang des Lichts
fast gar keinen Widerstand bietet.

Man muß also zum Vergrößerungsglase greifen. Am besten
geht man dabei so vor, daß man mit einem scharfen Messer ein
feines Fleischscheibchen abträgt, dieses auf ein reines Glasstück
ausbreitet, einen Tropfen Wasser darauf bringt, dann ein zweites,
womöglich recht dünnes Glas darüber legt und etwas andrückt,
und nun das Ganze unter das vergrößernde Instrument bringt.

Ein solches Fleischscheibchen ist auf der beifolgenden Tafel in
Fig. 2 abgegrenzt, wie sich seine Größe ungefähr für das bloße Auge
darstellen würde. In Fig. 3 ist dasselbe Stück bei einer etwa 50mali=
gen Vergrößerung gezeichnet. Man sieht, daß darin über 60 Trichi=
nen enthalten sind. Die meisten von ihnen liegen noch in ihrer spira=
ligen Einrollung; einzelne sind durch den Schnitt ganz oder zum Theil
frei geworden und haben sich in verschiedener Weise ausgestreckt. Un=
ten bei a ist eine Trichine in der durch ihre Anwesenheit blasig auf=
getriebenen Muskelfaser gezeichnet. Es ist ein Stück Muskel vom
Menschen in einem Falle, wo der Tod durch die starke Einwande=
rung der Trichinen erfolgt war (aus der Epidemie von Burg).

Hier handelt es sich demnach nicht mehr um Kapseln, son=
dern um die Thiere selbst, und es ist daher zum vollen Verständniß
nöthig, noch einige Bemerkungen über die letzteren hinzuzufügen.

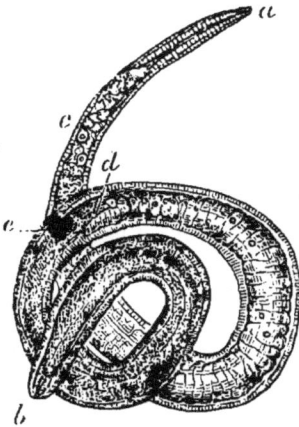

Fig. 5.

Eine vollkommen ausgewach=
sene, ältere Muskeltrichine, wie
sie in Fig. 5 abgebildet ist bei
einer 300maligen Vergrößerung,
stellt sich als ein, der Gestalt
nach einem Regenwurm vergleich=
barer Rundwurm dar[1]). Sie
besitzt ein vorderes, zugespitztes
Ende a, an welchem sich die
Mundöffnung befindet. Von die=
ser geht im Innern eine feine
Röhre, die Speiseröhre, ab.
Diese umgibt sich sehr bald mit
einem dicken Zellenkörper c, der durch einen großen Theil des
Leibes reicht und bei d in den einfacheren Darm sich fortsetzt.
Letzterer erstreckt sich bis zum hinteren, etwas dicken Leibesende b,
wo er sich nach außen öffnet. Bei e sieht man einen dunklen
Körnerhaufen; dieser liegt in dem Geschlechtskanal, welcher den
größeren Theil des hinteren Leibesabschnittes füllt, aber weiter
nichts Deutliches wahrnehmen läßt. Diese beiden Hauptapparate,
der Verdauungs= und der Geschlechtsapparat, sind umschlossen von
einer derben, äußeren Haut, welche feine Querrunzeln zeigt.

Es handelt sich, wie man sieht, hier um ein recht gut
organisirtes Thier aus der Klasse der eigentlichen Würmer, dessen
innere Einrichtung wegen der Durchsichtigkeit seiner äußeren Haut
klar erkannt werden kann. Aber freilich ist eine solche Klarheit
nur erreichbar, wenn man ein gutes Mikroskop und eine Ver=

---

[1]) Hr. J. Kaminer (Alexanderstr. 1) hat in letzter Zeit photographische
Abbildungen davon angefertigt.

größerung bis zu etwa 300 anwenden kann. Bei unvollkom-
menen Instrumenten und schwachen Vergrößerungen sieht man
nicht viel mehr, als die äußere Gestalt des Wurmes. Für die
gewöhnlichen Zwecke genügt dieß aber vollständig, sowohl für die
Fleischschau, als für die Erkenntniß des Falles einer Erkrankung,
denn die Möglichkeit einer Verwechselung liegt in keiner Weise
vor. Namentlich muß ich besonders bemerken, daß es keinerlei
Art von Maden gibt, welche irgend eine Aehnlichkeit damit be-
säße. Insbesondere die gewöhnlichen Fliegen- und Mückenlarven
unterscheiden sich nicht bloß durch eine ganz andere Gestalt, sondern noch weit mehr durch ihre viel beträchtlichere Größe, und
wenn unverständige Metzger oder andere Laien die Meinung auf-
stellen, die ganze Trichinen-Angelegenheit sei nur auf unschädliche
Maden zurückzuführen, so ist das ein bedauerliches Zeichen krasser
Unwissenheit und höchsten Leichtsinns.

Trichinen der beschriebenen Art finden sich in Fällen frischerer
Einwanderung ziemlich lose in dem Fleische, und wenn man in
der angegebenen Weise feine Schnitte macht und sie auf einem
Glase in einen Wassertropfen legt, so schwimmt gewöhnlich eine
gewisse Zahl von Thieren neben dem Fleisch umher. Aber dieselben
Thiere sind auch in den Kapseln bei älteren Fällen vorhanden,
selbst wenn die Kapseln verkreidet sind, und man kann sie aus
denselben durch einen mäßigen Druck leicht frei machen. Gerade
wenn die Verkalkung recht vollständig ist und die Kapseln eine
gewisse Starrheit und Zähigkeit erlangt haben, so zerplatzen sie
unter leichtem Druck sehr bald, und das Thier tritt hervor. Hat
man das Fleischschnittchen, wie früher angegeben, mit einem
dünnen Gläschen bedeckt, so genügt es, auf dieses etwas zu drücken,
um die Thiere aus den Kapseln hervorzupressen.

Es ergibt sich aus dieser Darstellung, daß eine eigentliche Erkenntniß der Trichinen als solcher immer die
Anwendung von Vergrößerungsgläsern voraussetzt,

und daß nur bei stärkerer Ausbildung und endlicher Vertreibung der Kapseln mit dem bloßen Auge die Erkenntniß dieser Kapseln und insofern mittelbar auch der Trichinen möglich ist.

2) Welche Gefahren für den menschlichen Körper werden durch die Trichinen bedingt?

In der geschichtlichen Einleitung ist schon erwähnt, daß mehr als zwei Decennien seit der Entdeckung der Trichinen vergingen, ohne daß man ihnen irgend eine gefährliche Einwirkung auf den menschlichen Körper zuschrieb. Ich habe auch schon die Erklä= rung hinzugefügt, daß man damals immer nur geheilte Fälle beobachtete. Dazu kam, daß selbst solche Fälle sehr selten beobach= tet wurden. Es vergingen Jahre, ohne daß ein einziger neuer Fall bekannt wurde, und noch bis auf diesen Tag sind in Frank= reich nur zwei Beobachtungen, in vielen anderen Ländern keine einzige veröffentlicht worden.

Ich habe zuerst darauf hingewiesen, daß bei einer sorgsamen Beobachtung eine sehr viel größere Häufigkeit des Vorkommens nachzuweisen ist. In einem einzigen Jahre, 1859[1]), fand ich ein halbes Dutzend Mal die Thiere in menschlichen Leichen, und sehr bald hatte ich viel mehr Fälle davon gesehen, als in 30 Jahren in der gesammten Literatur der Welt verzeichnet waren. So kann ich erwähnen, daß allein in dem letzten Vierteljahr sieben neue Fälle bei Leuten vorkamen, die in der Charité gestorben waren. Andere Beobachter haben ähnliche Resultate gehabt.

Dabei ist wohl zu beachten, daß alle diese Fälle erst bei der Section erkannt wurden, ohne daß bei Lebzeiten der Kranken irgend eine Ahnung ihres Zustandes bestanden hatte. Alle bezogen sich auf eingekapselte Trichinen, waren also alte, eigentlich schon abgelaufene Fälle, aber sie haben nichtsdestoweniger eine große

---

[1]) Mein Archiv. Bd. XVIII. S. 330.

Bedeutung, weil sie darthun, daß die Möglichkeit der Gefahr, die wir aus anderen Fällen erkennen, oft genug an den Menschen herantritt. Allein diese Erfahrungen würden nicht genügt haben, das allgemeine Interesse zu erregen, wenn nicht endlich Fälle von frischer Einwanderung und von nicht eingekapselten, noch freien Trichinen bekannt geworden wären, wenn man dadurch nicht auf die Quellen der Einwanderung hingeführt und wenn endlich nicht gruppenweise Erkrankungen, sogenannte Epidemien, ja sogar Todesfälle in Folge der Anwesenheit von Trichinen im menschlichen Leibe festgestellt worden wären.

Es ist das Verdienst von Zenker[1]), daß er zuerst in und bei Dresden eine solche Epidemie feststellte und zugleich in dem Schinken, der Cervelat- und Blutwurst, welche von einem bestimmten Schweine noch vorhanden waren, die Anwesenheit der Trichinen nachwies. Das Schwein war auf einem Landgute bei Dresden geschlachtet worden; der Metzger, der Gutsbesitzer, die Wirthschafterin, andere Leute waren schwer erkrankt, und ein vorher ganz gesundes Dienstmädchen war gestorben. An ihrer Leiche wurde eine förmliche Ueberschwemmung mit Trichinen dargethan. Ich selbst erhielt durch die Güte des Herrn Zenker sowohl von dem Schinken, als von den Muskeln des Mädchens, und hatte so Gelegenheit, nicht nur die Zuverlässigkeit der Beobachtung zu bestätigen, sondern auch eine Reihe von Versuchen an Thieren anzustellen. Letztere will ich hier kurz zusammenfassen:

Ein Kaninchen, welches mit Trichinen von dem Mädchen gefüttert war, starb nach einem Monate, nachdem sein Fleisch sich mit Thieren erfüllt hatte. Von diesem Fleisch gab ich einem zweiten zu fressen; es starb wieder nach einem Monate. Mit seinem Fleisch wurden 3 neue Kaninchen gefüttert, zwei starben nach 3, eins nach 4 Wochen. Von letzterem wurde wieder Fleisch

---

[1]) Mein Archiv. Bd. XVIII. S. 561.

gefüttert; das betreffende Thier, welches nur wenig Fleisch erhalten hatte, ging nach 6 Wochen zu Grunde. Bei allen waren die Muskeln überfüllt mit Trichinen, so daß in jedem, noch so kleinen Fleischstückchen mehrere davon angetroffen wurden.

Um ganz sicher zu sein, daß nicht etwa ein Zufall hier mitspiele, untersuchte ich bei mehreren dieser Kaninchen einzelne Theile ihrer Muskeln mikroskopisch, bevor die Fütterung vorgenommen wurde. Es fand sich keine Spur von Trichinen, wie denn überhaupt bis jetzt bei Kaninchen ohne vorhergegangene künstliche Fütterung noch nie derartige Thiere beobachtet sind. Mehrere Wochen nach der Fütterung waren dieselben Muskeln, von welchen ich vor der Fütterung festgestellt hatte, daß sie frei waren, voll von Trichinen.

So überzeugend diese durch fünf Generationen hindurch fortgeführten, jedesmal zum Tode führenden Ansteckungen auch sind, so ließe sich doch auch hier noch ein Zufall denken. Um diesen auszuschließen, blieb also nur noch der Nachweis zu liefern übrig, daß wirklich von den gefütterten Trichinen die Einwanderung ausging. Auch dieß konnte sicher dargethan werden.

Es ließ sich nachweisen, daß aus dem gefütterten Fleische die Trichinen im Magen und Dünndarm der Kaninchen sehr bald frei werden und sich zu männlichen und weiblichen, geschlechtsreifen Thieren ausbilden, welche in kurzer Zeit eine Länge von 3—4 Millimetern erreichen und dann als feine weiße Fädchen mit bloßem Auge sichtbar sind. In den mütterlichen Thieren entwickeln sich Eier und aus diesen Junge noch innerhalb des Körpers der Mutter, welche später (etwa eine Woche nach der Befruchtung) ausschlüpfen und frei im Darmschleim sich bewegen. Die Trichinen sind also lebendig gebärende Thiere.

Die Jungen sind von der äußersten Kleinheit und Feinheit. Sie sind Fadenwürmchen, wie man sie kleiner kaum kennt. Sie sind es, welche vom Darm aus in den Körper einwanbern. Ich habe sie nachher in den Lymphdrüsen des Gekröses, in der Bauchhöhle, im Herzbeutel und in den Muskeln wieder gefunden. In den letzteren allein treffen sie eine für ihr weiteres Wachsthum geeignete Wohnstätte. Hier wachsen sie, und in 3—4 Wochen haben sie schon wieder die Größe erreicht, welche ihre Mütter und Väter zur Zeit der Fütterung hatten.

Diese Versuchsreihe, welche ich in der Sitzung der Pariser Akademie der Wissenschaften vom 2. Juli 1860 mittheilen ließ, konnte über die Geschichte und Bedeutung der Trichinen keinen Zweifel mehr lassen. Ich selbst habe die Versuche später mehrmals wiederholt und auch andere Untersucher haben Aehnliches gethan. Nimmt man dazu die an Menschen gemachten Beobachtungen, welche sich mit jedem Jahre mehren, so ist es eine Thorheit, um nicht zu sagen, ein Verbrechen, noch von einer ungegründeten Trichinenfurcht (Trichinophobie) zu sprechen.

Eine ganze Reihe gruppenweiser, wie man sagt, epidemischer Erkrankungen ist sicher festgestellt. Ich erwähne nur die Epidemien von Corbach im Waldeckschen [1]), Plauen [2]), Calbe an der Saale [3]), Magdeburg [4]), Quedlinburg [5]), Rügen [6]), Burg bei Magdeburg [7]), Weimar und Hettstädt bei Eisleben, sowie den sehr merkwürdigen Fall, der auf einem Hamburger Schiffe vorgekommen ist [8]). Mehrere andere Epidemien, welche sehr wahrscheinlich auf Trichinen zurückzuführen sind, lasse ich unerwähnt,

---

[1]) Walbeck und Zenker, Jahresbericht der Gesellschaft für Natur- und Heilkunde in Dresden. 1863. S. 49.

[2]) Böhler, die Trichinenkrankheit und die Behandlung derselben in Plauen. 1863. Königsdörffer, Deutsche Klinik. 1863. Nr. 47.

[3]) G. Simon, Preußische Medicinal-Zeitung. 1862. Nr. 38—39.

[4]) Th. Sendler, Deutsche Klinik 1862. Nr. 27. 1863. Nr. 2.

[5]) Behrens, Deutsche Klinik. 1863. Nr. 30.

[6]) Landois, Deutsche Klinik. 1863. Nr. 4 u. 8.

[7]) Klusemann, Preuß. Medicinal-Ztg. 1863. Nr. 50.

[8]) Tüngel. Mein Archiv. 1863. Bd. XXVII. S. 421.

da keine mikroskopische Untersuchung vorgenommen oder wenig=
stens kein befinitives Resultat erreicht worden ist[1]).

In jenen Epidemieen handelt es sich zum Theil um sehr
zahlreiche Erkrankungen. 20, 30 Personen, ja in dem traurigen
Fall von Hettstädt fast anderthalb hundert Personen erkrankten,
viele sehr schwer, und die Zahl der Todesfälle überstieg in Hett=
städt 20[2]). Ein Zweifel ist hier gänzlich ausgeschlossen. Die
zuverlässigsten Beobachtungen liegen vor; ich selbst habe sowohl
aus der Epidemie von Burg, als aus der von Hettstädt Mus=
kelfleisch untersucht, welches von Trichinen vollgestopft war.

Es kann nicht in der Aufgabe dieses Schriftchens liegen, die
Krankheits=Erscheinungen in's Einzelne zu verfolgen. Es mag
genügen, zu erwähnen, daß dieselben sich verschieden darstellen.
Bald sind es überwiegend Erscheinungen der Darmreizung, Darm=
katarrhe, ruhrartige Zufälle, „gastrische" Störungen, bald Er=
scheinungen des Muskelleidens, Schwäche, Mattigkeit, Steifheit,
Schmerzhaftigkeit, wie bei Gicht oder Rheumatismus, bald fieber=
hafte Zufälle, wie bei Typhus und Nervenfieber u. s. f. Sehr ge=
wöhnlich ist eine eigenthümliche Anschwellung des Gesichtes, nament=
lich der Augengegend. Zuweilen entwickeln sie sich äußerst acut, und
der Tod erfolgt in der Regel in der 4. oder 5. Woche; zuweilen
nehmen sie einen mehr schleichenden Verlauf und es tritt nach
Wochen eine langsame Genesung ein, welche aber in chronisches Siech=
thum mit Abmagerung und Verfall der Kräfte ausgehen kann. Ein
paar Mal habe ich die Leichen von Leuten untersucht, von denen
man vorausgesetzt hatte, daß sie an Schwindsucht gestorben seien; die
Section ergab neben einer sehr mäßigen Lungenaffection sehr ver=
breitete Trichinen und die äußerste Abmagerung der Muskeln.

---

[1]) Dahin gehören die Epidemien von Stolberg (Ficinus, Preuß. Med.=
Ztg. 1863. Nr. 8), Warmsdorf u. Güsten im Anhaltischen (Fränkel, Eben=
daselbst 1863. Nr. 16 u. 17) und Posen (F. Samter, Mein Archiv 1864.
Bd. XXIX. S. 215).

[2]) Bis zum 23. Novbr. waren 137 Erkrankungen und 24 Todesfälle constatirt.

Für den erfahrenen Arzt haben diese Erkrankungen manches Eigenthümliche, wodurch sie sich von gastrischen und nervösen Fiebern, von Gicht und Rheuma unterscheiden, aber ein ganz sicheres Urtheil wird auch für den Arzt erst gewonnen, wenn die Trichinen entweder in dem Fleisch, wovon die Erkrankten genossen haben, oder in dem Fleisch der Erkrankten selbst nachgewiesen werden. Letzteres ist natürlich nur möglich, wenn durch eine kleine Operation Muskelstückchen für die Untersuchung gewonnen werden, was durchaus ungefährlich ist. Ohne die Feststellung der Thiere bleibt man oder blieb man wenigstens früher gewöhnlich bei der Annahme einer Vergiftung stehen.

Seit dem Jahre 1860 habe ich mich mit manchem Anderen bemüht, die Kenntniß dieser Thatsachen zu fördern, und die Aufmerksamkeit auf die Gefahren hinzulenken, welche ein unvorsichtiger Genuß von Schweinefleisch mit sich bringen kann. Von Anfang an hat sich dagegen die Opposition der Metzger erhoben, und noch in diesen Tagen ist dieselbe nicht überall gebrochen. Ich bemerke daher vorweg, daß gerade die Metzger das allergrößte Interesse haben sollten, jede Vorsicht anzuwenden, da sie nicht bloß in ihrem Gewerbe, sondern auch in ihrer Person bedroht sind. Sowohl in mehreren Epidemieen, als auch in einer Reihe von Einzelfällen, z. B. in denen von Friedreich[1]), Traube[2]), Königsdörffer, waren es gerade die Metzger, welche durch das von ihnen geschlachtete Thier angesteckt wurden. Dabei hat man freilich nicht an eine Ansteckung durch die Haut zu denken; eine solche gibt es nicht. Aber die Metzger essen nicht bloß vorzugsweise von dem zubereiteten Fleisch, der Wurst u. s. w., sondern viele von ihnen haben auch die Gewohnheit, etwas frisches Fleisch beim Schlachten zu genießen, oder wenigstens das Messer abzustreichen und das Abge-

---

[1]) Friedreich. Mein Archiv. 1862. Bd. XXV. S. 399.
[2]) G. Schultze, de Trichiniasi. Diss. inaug. Berol. 1863. p. 17.

strichene in den Mund zu stecken. Sie stehen also in erster Linie vor der Gefahr; auf sie folgen erst Köchinnen und Dienstmäd= chen und weiterhin die übrige Bevölkerung.

Aber auch, nachdem die Trichinenkrankheit beim Menschen nicht mehr bezweifelt werden kann, bemüht man sich auf die ge= wissenloseste Weise, das an sich so klare Sachverhältniß wieder zu trüben. Schlecht unterrichtete oder übelwollende Personen verbreiten die Behauptung, die Krankheit sei bei dem Schweine noch gar nicht nachgewiesen. Nichts ist unwahrer.

Wie ich im historischen Theile anführte, hat Leidy schon vor 16 Jahren in Nordamerika Trichinen beim Schwein gefun= den. Zenker hat sie in dem Schinken und der Wurst des Schweines nachgewiesen, von dem die Erkrankten und die Ge= storbene in der Dresdener Epidemie genossen hatten; ich selbst habe von ihm ein Stück des betreffenden Schinkens erhalten und mich von der Anwesenheit der Thiere überzeugt (S. 27). Dasselbe ist bei den Epidemieen von Quedlinburg und Corbach, Rügen und Hettstädt an Schinken und Wurst nachgewiesen. In Hettstädt steht es fest, daß die große Mehrzahl der Leute in Folge eines gemein= schaftlichen Festessens erkrankten, welches am 18. Octbr. v. J. veranstaltet wurde. Besonders überzeugend ist aber der von Tüngel beschriebene Fall, den ich daher kurz berühren will.

Ein Hamburger Schiff kehrte von Valparaiso nach Hause zurück. Vor der Abfahrt kaufte man dort ein lebendes Schwein. Dieses wurde am 1. April v. J. an Bord des Schiffes geschlach= tet: der Schiffskoch besorgte unter Mitwirkung der übrigen Mannschaft das Schlachten. Die Mannschaft verzehrte davon 30 Pfund, das Uebrige wurde eingesalzen. Bei der Einfahrt in den Hafen erkrankten viele, die meisten leicht, einige schwerer. Zwei starben; bei dem einen, einem 16jährigen Schiffsjungen, der am 24. starb, wurden zahlreiche, nicht eingekapselte, lebende Trichinen in den Muskeln gefunden. Das noch vorhandene Pökelfleisch, von dem ich ein Stück erhielt, zeigte dieselben gleichfalls, jedoch todt.

Das Vorkommen der Trichinen bei Schweinen und die Ab=
hängigkeit der Erkrankung der Menschen von dem Genuß solchen
Schweinefleisches kann danach nicht mehr zweifelhaft sein. Man
hilft sich nun mit dem Troste, daß die Schweine nicht häufig
davon befallen würden und daß die befallenen doch bestimmte
Krankheitszeichen darbieten müßten.

Was das Erstere anbetrifft, so kann man es glücklicherweise
zugeben. Aber was hilft dieser Trost denen, welche das Unglück
haben, von einem der wenigen Schweine, welche Trichinen ent=
halten, zu essen? Ueberdieß läßt sich bis jetzt eine wirklich zuver=
lässige Statistik nicht geben, da die Beobachtungen, welche vor=
liegen, dazu nicht ausreichen.

Noch schlechter ist der zweite Einwand. Die sorgfältigen
Fütterungsversuche, welche Haubner, Küchenmeister und
Leisering [1] mit trichinischem Fleische an Schweinen anstellten,
ergaben freilich, daß einzelne, namentlich jüngere Thiere erkrankten
und selbst starben, aber in ihren Schlußergebnissen kommen diese Be=
obachter doch geradezu zu dem Satze, daß „man beim Schweine
von einer eigentlichen, durch sichere und bestimmte
Symptome gekennzeichneten Trichinenkrankheit nicht
sprechen könne.“ Auch erwähnen alle Berichte über diejenigen
Schweine, welche den Ansteckungsstoff für Menschen dargeboten
haben, nichts von einer besonderen Erkrankung der Thiere [2].

----

[1] Haubner, Küchenmeister und Leisering, Helminthologische Ver=
suche. Dresden 1863. S. 5. (Aus dem Berichte über das Veterinärwesen
im Königreich Sachsen für das Jahr 1862.)

[2] Hr. Dr. Rupprecht in Hettstädt schreibt mir über das Schwein,
von dem die dortigen Ansteckungen ausgingen: Es war ein 2½jähriges, halb=
englisches Mutterschwein, welches fünf Fleischern, die darum handelten, völlig
gesund erschienen ist. Der sechste hat es gekauft. Es muß auch ihm nicht
verdächtig vorgekommen sein, da er und sieben Glieder seiner Familie nach
dem Genusse des Fleisches krank wurden; er selbst und sein Dienstmädchen
starben.

Aber gesetzt auch, dieselbe komme vor, so wird sie oft genug abgelaufen sein, wenn die Schweine in den Handel kommen und geschlachtet werden. Es sind eben meist Fälle von schon heilen= den oder geheilten, also eingekapselten Trichinen, um die es sich handelt. Die wirklichen Krankheitssymptome mögen Wochen oder Monate vorher dagewesen sein und es mag in einzelnen Fällen, bei sehr vorurtheilsfreien und ehrlichen Verkäufern möglich sein, dieß noch zu erfahren, aber in der Regel wird es nicht der Fall sein und jedenfalls wird es keine Sicherheit geben. Bedenkt man, wie viele Schweine, namentlich in größeren Städten, nicht bloß Meilen weit, sondern aus entfernteren Provinzen und Ländern herbeigeführt werden, so muß man zugestehen, daß hier Nachfor= schungen über die Lebensgeschichte der Schlachtthiere, selbst bei dem besten Willen ganz unmöglich sind.

Nun steht es aber fest, daß die Einkapselung, ja selbst die Verkreidung die Thiere nicht tödtet. Fast in allen Fällen beim Menschen, wo ich verkreidete Kapseln gefunden habe, waren die darin enthaltenen Trichinen noch lebendig. Wie lange Zeit nach der Einwanderung verstrichen war, kann ich nicht angeben, da in keinem dieser Fälle die Zeit der Einwanderung zu ermitteln war. Aber es ist nach Versuchen bei Thieren sicher, daß mehr als 6 Monate vergehen, bevor die Verkreidung beginnt, und es ist höchst wahrscheinlich, daß die Trichinen in einer Art von Scheintod oder Vita minima Jahre lang im Körper verharren können, um sofort zu neuer, kräftigerer Lebensthätigkeit zu erwachen, sobald das Fleisch, in dem sie sich befinden, genossen worden ist. Ich habe wiederholt gerade mit solchen Trichinen, deren Kapseln voll= ständig verkalkt waren, gelungene Fütterungsversuche angestellt.

So weit bleibt die Gefahr trotz aller Einwände bestehen, und nur die Frage ist nicht bloß erlaubt, sondern geboten, wie es komme, daß die Zufälle, welche nach dem Genusse eintreten, in ihrer Heftigkeit und Bedeutung so sehr verschieden sind? Diese Frage ist bestimmt zu beantworten.

Die Darmerscheinungen (das gastrische Fieber, die ruhrartigen Zufälle) sind abhängig von der Anwesenheit der Thiere im Darm. Diese kann sehr verschieden lange dauern. Wenn Jemand bald nach dem Genusse des betreffenden Fleisches starke Ausleerungen, insbesondere Durchfall bekommt, so kann es sein, daß alle Thiere mit entleert werden. Im anderen Falle wachsen sie, bewegen sie sich und pflanzen sie sich fort, und damit entsteht der krankhafte Reiz. Dieser kann sich aber natürlich auch nach den individuellen Verhältnissen sehr verschieden gestalten; reizbare Personen, welche an sich zu Durchfällen neigen, werden im Ganzen sicherer vor der eigentlichen Infektion sein, als solche, welche zu Verstopfung disponirt sind.

Die Muskel- und Fiebererscheinungen sind abhängig von der Einwanderung der jungen Brut aus dem Darm in den Körper des Kranken. Auch sie werden natürlich von mancherlei individuellen Verhältnissen abhängig sein. Eine gewisse Einrichtung des Darmes mag ihre Einwanderung begünstigen oder fördern. So ist es mir noch nie gelungen, bei Hunden Muskeltrichinen zu erziehen [1]), obwohl die Entwickelung der Trichinen in ihrem Darm sehr gut geschieht, wie sie denn zu allererst von mir bei einem Hunde beobachtet wurde. Ebenso sind die Versuche beim Schaaf [2]), Rind [3]), Huhn und Taube [4]), Frosch [5]) bis jetzt erfolglos gewesen.

Kommt aber die Einwanderung zu Stande, so steht die Gefahr in einem gewissen Verhältnisse zu der Zahl der einwandern-

---

[1]) Zenker (Mein Archiv Bd. XVIII. S. 566), Leuckart (Untersuchungen über Tr. spiralis. S. 23 u. 42) und Davaine (Gaz. méd. de Paris 1863. No. 11. p. 174) machten dieselbe Erfahrung.

[2]) Leuckart, Untersuchungen S. 42.

[3]) Leuckart, Ebendas. S. 43. Mosler, Helminthologische Studien und Beobachtungen. Berlin 1864. S. 26.

[4]) Leuckart a. a. O. S. 44. Fiedler, Archiv f. Heilk. 1864. S. 12. Ich selbst.

[5]) Leuckart, a. a. O. S. 44. Auch ich hatte negative Ergebnisse.

den Thiere. Diese kann sehr verschieden sein. Ich habe noch
neuerlich Fälle beim Menschen gesehen, wo ich mit vielem Suchen
nur ein Dutzend Trichinen aus den Muskeln zusammenbringen
konnte, und wieder gibt es andere, wo sie zu mehreren Millionen
vorkommen. Die schädliche Wirkung summirt sich hier aus den
vielen Einzelstörungen, welche die Thiere am Orte ihrer Einwanderung hervorbringen. Jemand, der nur ein Dutzend junger
Trichinen annimmt, wird möglicherweise gar nichts davon merken;
seine Gesundheit wird keinen Augenblick gestört. Ein Anderer,
in den viele Tausende einwandern, wird allerlei unangenehme
Zufälle, Muskelschmerzen, Steifigkeit, Schwäche, Abgeschlagenheit,
Heiserkeit u. dgl. haben, aber er wird diese Zufälle überwinden,
indem die eingewanderten Thiere sich einkapseln und endlich ver-
treiben. So kommt die Heilung zu Stande. Ein dritter endlich,
bei dem Millionen einwandern, wird vielleicht auch genesen, aber
sehr langsam, und er wird schwach, siech und mager bleiben, oder
aber er geneset nicht, sondern geht unter den zunehmenden Störungen aller Muskelthätigkeit, insbesondere auch der athmenden,
zu Grunde.

Das begreift sich ja vollständig, wenn man die drei Car-
binalsätze der Trichinenlehre vor Augen behält:

1) die genossenen Trichinen bleiben im Darm und
   kommen nicht in die Muskeln,

2) sie erzeugen lebendige Junge, welche in die
   Muskeln einwandern,

3) die in die Muskeln eingewanderte Brut wächst
   darin, aber sie vermehrt sich nicht.

Die eigentliche Gefahr liegt also eben in der Erzeugung
junger Brut durch die Darmtrichinen. Eine erwachsene Trichinenmutter hat gegen 100 lebendige Junge in ihrem Leibe, und
hinter diesen Jungen erzeugt sie immer noch wieder neue Eier.
Wie lange sie am Leben bleiben und Junge zeugen kann, ist

nicht genau bekannt; das aber wissen wir ganz genau, daß sie wenigstens 3 — 4 Wochen [1]) gleichsam im Darm vor Anker liegt und immer neue Brut aussetzt. Rechnen wir auch nur 200 Junge auf eine Trichinenmutter, so genügen 5,000 solcher Mütter, um eine Million Junge für die Einwanderung zu liefern, und so viel Mutterthiere können in wenigen Bissen Fleisch enthalten sein, wenn auch noch kein sehr hoher Grad von Anfüllung desselben vorhanden ist. Ein Blick auf das kleine Muskelstück, welches auf beifolgender Tafel abgebildet ist, genügt, um diese Rechnung zu begründen.

Je mehr Trichinen also genossen werden und je länger sie im Darm verweilen, um so mehr Junge werden geliefert und um so höher steigt die Gefahr. Ich habe dies durch directe Versuche an Thieren geprüft. Auch ein Kaninchen, das nur kleine Mengen von trichinenarmem Fleisch erhält, erkrankt nicht. In der Epidemie von Burg hat sich dieß auf das Schlagendste bestätigt. Eine Frau, welche rohes Fleisch auf Brod gegessen hatte, starb; ihr kleines Kind, welches den Löffel abgeleckt hatte, mit dem sie das Fleisch aufgestrichen hatte, erkrankte ganz leicht.

Ein Mensch kann also, so gut wie ein Schwein, eine recht erhebliche Zahl von Trichinen aufnehmen und beherbergen, ohne deßhalb zu sterben oder auch nur schwer zu erkranken. Das ist ein kleiner Trost dafür, daß schwerlich jemals ein absolutes Schutzmittel gegen die Aufnahme von Trichinen gefunden werden wird und daß niemals auch eine genaue Untersuchung des Fleisches sich auf jeden einzelnen Theil erstrecken kann.

Aber eben so sicher ist es, daß eine sehr große Einwanderung nothwendig Krankheit und möglicherweise Tod herbeiführt, und das sollte alle Einwände niederschlagen, welche noch gegen eine sorgfältige Fleischschau aufgestellt werden.

---

[1]) Fiedler, Archiv für Heilkunde 1864. S. 12.

Vielfach ist mir auf diese Bemerkung eingeworfen worden, man habe doch früher von solchen Fällen nichts gehört. Wenn wirklich die Gefahr so groß sei, so hätte man doch schon früher ähnliche Beobachtungen machen müssen. Insbesondere solche gruppenweise auftretende Erkrankungen hätten doch nicht wohl unbemerkt bleiben können.

Einzelne haben freilich darauf geantwortet, die Krankheit müsse überhaupt neu und früher noch nicht dagewesen sein. Allein diese Vermuthung wiederholt sich jedesmal, wenn eine bis dahin unbekannte Krankheit durch genauere Forschung erkannt und aus irgend einer größeren Gruppe verwandter Krankheiten losgelöst wird. Ich erinnere nur an eine noch fürchterlichere Krankheit, die ebenfalls vom Thier auf den Menschen übertragen werden kann, an die Rotzkrankheit. Der erste, genau festgestellte Fall davon wurde 1821 von Schilling veröffentlicht, und seitdem vergeht kein Jahr, wo nicht neue Fälle hinzukommen. Wollte man nun schließen, daß der Rotz eine neue Krankheit sei? Die Rotzkrankheit der Thiere wird schon von den alten griechischen und römischen Schriftstellern erwähnt [1]), und nicht der geringste Grund liegt vor, daß sie sich nicht schon vor Jahrtausenden auf den Menschen übertragen habe. Aber es ist schwer zu beweisen, daß gerade dieser oder jener bestimmte Fall, der schon früher geschildert ist, sich auf eine solche Uebertragung bezieht.

Nun ist es ja bekannt, daß schon in den mosaischen Gesetzen [2]) das Schwein für unrein erklärt und der Genuß seines Fleisches verboten wurde. Möglicherweise stützt sich dieses Verbot zunächst auf die Beobachtung, daß das Schwein unreine, zum Theil faulige Nahrung zu sich nimmt, aber darf man nicht auch vermuthen, daß schon damals wirkliche Erkrankungen nach dem Genusse von

---

[1]) Mein Handbuch der Speciellen Pathologie u. Therapie. Erlangen, 1855. Bd. II. S. 406, 413.

[2]) Moses III. 11, 7. V. 14, 8.

Schweinefleisch wahrgenommen worden sind? Gerade unter den
einfacheren Lebensverhältnissen eines, damals wenigstens noch mehr
nomadenhaft lebenden Volkes konnte ja eine gruppenweise Er=
krankung leichter auf ihre bedingenden Ursachen zurückgeführt wer=
den. Als man nun in der neuesten Zeit die Entstehung der Band=
würmer des Menschen aus Schweinefinnen festgestellt hatte, nahm
man vielfach an, das mosaische Gebot habe besonders auf Band=
würmer Bezug gehabt. Aber Bandwürmer erzeugen selten wirkliche
Krankheiten, sie sind nicht im eigentlichen Sinne gefährlich, und
wenn überhaupt das Verbot aus der Erkenntniß wirklicher über=
tragener Krankheiten hervorging, so liegt es gewiß viel näher,
an Trichinen zu denken.

Allerdings erkranken die meisten Menschen nicht unmittelbar
nach dem Genusse trichinischen Fleisches. Es gehen Tage darüber
hin, und der Verdacht kann sich daher leicht auf ein näher lie=
gendes Ereigniß richten. Indeß, wenn eine größere Zahl von
Menschen gleichzeitig erkrankt, so wird doch endlich der Verdacht
auf die richtige Quelle geführt werden. So gibt es in der me=
dicinischen, namentlich in der gerichtsärztlichen Literatur, nicht
wenige Fälle, wo der Verdacht sich auf Schinken wendete. Aber
da man die Trichinen nicht kannte, da man die Muskeln der
Gestorbenen nicht einmal bei der gerichtlichen Obduction prüfte,
so brachte nicht einmal dieses, sonst so gewissenhaft ausgeführte
Verfahren einen Aufschluß. Man blieb schließlich bei der Ver=
muthung einer Vergiftung stehen, und wenn man bei der che=
mischen Untersuchung kein mineralisches Gift auffand, so schob
man ein organisches unter und nannte dieß Schinkengift.

Gibt es ein Schinkengift? Niemand kann es sagen, denn
noch nie ist ein Chemiker im Stande gewesen, es aufzufinden.
Die ganze Argumentation bleibt dabei stehen, daß ein anderes
Gift nicht nachzuweisen sei und daß doch die Vergiftung da sei.
Aber ist diese Vergiftung dargethan? Nein, auch sie ist nur ver=

muthet, weil eine andere Erklärung nicht vorhanden war. Die Trichinen=Erkrankungen gestatten eine andere Deutung, und es mag genügen, auf ein Paar Fälle hinzuweisen.

Im Februar 1863 operirte Langenbeck in Berlin einen Mann wegen einer Geschwulst am Halse. Während der Operation be= merkte er, daß die bloßgelegten Muskeln voll von verkalkten Trichinen waren. Als der Mann nun gefragt wurde, ob er nicht irgend einmal in besonderer Weise erkrankt sei, erzählte er eine wunderbare Geschichte. Im Jahre 1845 fand in Jessen (Kreis Schweinitz, Reg. Bez. Merseburg) eine Schulrevision statt. Die Commission nahm bei einem Kaufmann ein gemeinschaftliches Frühstück (Schinken, Wurst, Käse u. s. w.) ein. Ein Mit= glied entfernte sich, ohne etwas anderes, als ein Glas Roth= wein, genossen zu haben. Die anderen sieben tranken Weiß= wein und aßen von den aufgesetzten Speisen. Alle sieben, dar= unter der Operirte, erkrankten und vier starben. Der Verdacht lenkte sich natürlich auf das Mahl und den Wirth. Es wurde eine gerichtliche Untersuchung, zunächst auf den Weißwein, eingeleitet; diese blieb erfolglos, aber der Wirth konnte den Verdacht nicht wieder los werden und sah sich endlich genöthigt, nach Amerika auszuwandern [1]).

Im Juni 1851 erkrankte in der Nähe von Hamburg eine Reihe von Personen in Folge von Schinkengenuß: drei davon starben und mehrere blieben längere Zeit in einem sehr angegriffenen Zustande. Die gerichtliche Untersuchung blieb auch hier ohne Er= gebniß, und man nahm daher zuletzt zu dem Schinkengift seine Zuflucht. Der Schinken selbst ward noch aufgefunden; man konnte seine Geschichte bis zu dem Metzger zurückverfolgen; es ergab sich insbesondere, daß der Schinken wegen schlechterer Qualität billiger verkauft war, aber das Wesen seiner Schlechtigkeit wurde nicht

---

[1]) A. Lüde, Vierteljahresschrift für gerichtliche und öffentl. Medicin. 1864. Bd. XXV. S. 102.

ermittelt. Erst nachträglich hat Tüngel [1]) aus den sehr sorgfältig geführten Akten den Beweis geliefert, daß Erscheinungen und
Verlauf der Krankheit genau mit dem übereinstimmten, was wir
jetzt von der Trichinenkrankheit wissen.

Diese Fälle ließen sich leicht vermehren. Es genügt jedoch
das Mitgetheilte, um den Beweis zu führen, daß die Erkrankungen schon vorhanden waren, ehe die Kenntniß von der Trichinenkrankheit vorhanden war, und daß das Neue an der Sache
nicht die *Krankheit, sondern die Kenntniß derselben
ist. Möge daher Niemand mit so hinfälligen Gründen eine Gefahr zu verschleiern suchen, welche nur bei bewußtem Einblick in
die Quellen der Störung zu vermeiden oder wenigstens im höchsten Maaße zu vermindern ist.

3) Welche Mittel gibt es gegen die Trichinen-Krankheit?

So wenig es in der Aufgabe dieses Schriftchens liegen mag,
in das eigentlich technische Detail einzugehen, so will ich doch die
so oft an mich gerichtete Frage nicht ganz unbeantwortet lassen:
Ist die Trichinenkrankheit heilbar?

Die vorstehenden Bemerkungen lehren, daß die Einkapselung eine Art von Naturheilung ist. Denn mit der
Kapselbildung hört die Wanderung der Thiere auf; sie liegen
dann in ihrem Gefängniß und führen ein so schwaches Leben, daß
sie ganz und gar unbemerkt bleiben können. Aber die ärztliche
Kunst vermag zu diesem Ausgange nichts beizutragen. Er tritt
ganz von selbst im natürlichen Ablaufe der Erscheinungen ein
und er läßt sich kaum beschleunigen oder auch nur begünstigen.
Lebt der Kranke noch, wenn die Kapseln eine gewisse Ausbildung

---

[1]) C. Tüngel, Mein Archiv 1863. Bd. XXVIII. S. 391.

erreicht haben, so werden ihn die Trichinen wahrscheinlich nicht mehr tödten.

Freilich wäre es sehr erwünscht, ein Mittel zu kennen, welches die Trichinen tödtet, ohne den Menschen zu tödten. Denkbar wäre es, daß man ein solches Mittel fände. Denn es ist bekannt, daß manche Stoffe auf einzelne Thiere giftig einwirken, welche anderen gar nicht schädlich sind. Allein jeden= falls ist dieß Mittel gegen Trichinen noch nicht gefunden. Man hat an Arsenik, Kupfer, Quecksilber, Phosphor, Kampher, Ter= penthinöl u. s. f. gedacht, ohne bis jetzt thatsächliche Erfolge damit erzielt zu haben. Das Kali picronitricum schien in einem Falle von Friedreich[1]) wirklichen Nutzen gebracht zu haben, aber Versuche von Fiedler[2]) und Mosler[3]) haben auch diese Hoffnung wieder zerstört. Neuerlichst hat Mosler[4]) das Benzin an trichinischen Thieren mit verhältnißmäßigem Erfolge angewen= det, so daß es jedenfalls Beachtung verdient.

Sicherlich wäre es thöricht, jede Kunsteinwirkung aufgeben zu wollen. Es liegt gewiß nahe, bei der Kunstheilung zunächst an die Muskeltrichinen zu denken. Denn diese sind ja die eigentlich gefährlichen Gäste, und sie zu tödten, wäre der größte Gewinn. Aber am Ende sind doch auch die Darmtrichinen sehr gefährliche Thiere; sie erzeugen die junge Brut, welche einwandert, und von ihrer Zahl und von der Dauer ihrer An= wesenheit im Darm hängt die Zahl der Eindringlinge unmittelbar ab. Nichts sollte also wichtiger und dringlicher erscheinen, als die Mutterthiere, welche im Darm leben und immer neue Brut hervorbringen, zu entfernen. Werden sie sehr früh= zeitig entfernt, so wird überhaupt keine Einwanderung von Brut in die Muskeln stattfinden; geschieht ihre Entfernung, nachdem

---

[1]) Friedreich, Mein Archiv, Bd. XXV. S. 399.
[2]) Fiedler, Ebendaselbst. Bd. XXVI. S. 573.
[3]) Mosler, Ebendaselbst. Bd. XXVII. S. 421.
[4]) Mosler, Helminthologische Studien. S. 71 u. flgd.

die Einwanderung schon begonnen hat, so wird sie wenigstens unterbrochen werden, und die Gefahr wird nicht mehr steigen.

Die Entfernung der Mutterthiere kann nur durch Erbrechen oder Abführen nach unten geschehen. Erbrechen wird nur in den Fällen etwas nützen, wo es bald nach dem Genuß des inficirten Fleisches eintritt, also zu einer Zeit, wo letzteres noch nicht den Magen verlassen hat. Dieß wird nur in den allerseltensten Fällen zutreffen, in denen die Anwesenheit von Trichinen in Fleisch, Schinken, Wurst oder dergl. frühzeitig bemerkt wird. Die Regel wird vielmehr das Abführen sein; daß auf diesem Wege eine Entfernung der Thiere erfolgen könne, ist sicher. Schon in meiner Mittheilung an die Pariser Akademie (1860) hatte ich erwähnt, daß von mehreren Kaninchen, welche gleichzeitig trichinisches Fleisch bekommen hatten, diejenigen, welche Durchfall bekamen, frei von Trichinen gefunden wurden. Dieß hat sich auch später, sowohl bei Thieren, als bei Menschen bestätigt, und es ergibt sich daraus die praktische Regel, in Fällen, wo wahrscheinlich oder sicher eine Infektion stattgefunden hat, zu starken Abführmitteln zu greifen. Möglicherweise wird man auch hier, wie es bei den Band= und Spulwürmern der Fall ist, bestimmte Stoffe kennen lernen, welche die Würmer betäuben, narkotisiren, und wird solche Stoffe vor den Abführmitteln nehmen lassen, um den Abgang der Würmer zu erleichtern [1]).

Allerdings wird dadurch denjenigen Kranken nicht geholfen, welche schon eine sehr zahlreiche Einwanderung erlitten haben. Aber gewiß ist es doch nicht gering anzuschlagen, daß man denjenigen nützen kann, bei denen die Einwanderung entweder überhaupt noch nicht stattgefunden, oder bei denen sie erst eine geringe

---

[1]) Nach den Versuchen von Fiedler (Archiv für Heilk. 1864. V. S. 21) waren freilich auch Abführmittel bei trichinisirten Katzen und Kaninchen erfolglos; doch kann dieser ungünstige Erfolg nicht von weiteren Versuchen abschrecken.

Ausdehnung erreicht hat. Was die in den Muskeln angelangten Trichinen betrifft, so ist meine Hoffnung gering, daß man ein Mittel finden wird, sie zu tödten. Ist dieß doch noch nicht einmal für die Finnenwürmer gelungen, trotzdem, daß wir bestimmte und sichere Bandwurmmittel genug besitzen. Es erklärt sich dieß leicht, wenn man erwägt, daß alle Mittel, welche auf die Würmer wirken sollen, nur vom Blute des Menschen aus wirken können. Wenn Jemand ein Mittel einnimmt, so muß es zunächst vom Blute aufgenommen, durch dasselbe zu den Muskeln gebracht werden und nun in diese selbst eindringen. Jedes Mittel wird auf diesem langen Wege vom Magen bis zu den Muskeln sehr verdünnt und im ganzen Körper vertheilt, es gelangt daher zu allen einzelnen Muskeln nur in sehr kleinen und leicht wirkungslosen Mengen. Sind aber die Thiere schon eingekapselt, so werden sie um so weniger von diesen kleinen Mengen betroffen werden, denn die Kapseln selbst setzen dem Eindringen von Stoffen erweislich einen großen Widerstand entgegen. Schon in meiner Mittheilung an die französische Akademie habe ich erwähnt, daß ich trichinisches Fleisch in eine Lösung von Chromsäure gethan hatte, um es zur mikroskopischen Untersuchung zu härten, und daß in dieser Lösung, welche so stark war, daß alle übrigen Theile geronnen und fest geworden waren, sich also sehr leicht in feinste Scheiben zerlegen ließen, die Trichinen sich noch 11 Tage lang lebendig erhalten hatten. Und dieß war ein Fall, wo die Einkapselung der Trichinen noch sehr wenig vorgeschritten war. Selbst die frei gemachten Trichinen widerstehen der Einwirkung sehr starker Mittel verhältnißmäßig lange [1]).

Man wird aus dieser Anführung die ganze Größe der Charlatanerie ersehen, welche es wagt, das öffentliche Urtheil über die Gefahr der Trichinenkrankheit unter Hinweis auf einzelne be-

---

[1]) Fiedler, Archiv f. Heilk. 1864. S. 18. Mosler, Helminthologische Studien S. 87.

stimmte Mittel zu verwirren. Es mag den einzelnen Fabrikanten unbenommen sein, die Leichtgläubigkeit der Menge durch pomphafte Zeitungsartikel auszubeuten, aber es gehört eine seltene Gewissenlosigkeit, ja ein nicht geringer Grad sittlicher Verkommenheit dazu, wenn Leute, denen eine naturwissenschaftliche Vorbildung nicht abzusprechen ist, ihre industriellen Zwecke so weit ausdehnen, daß sie, aller Erfahrung und aller Theorie zuwider, ihre Fabrikate als zuverlässige Mittel gegen die Trichinen darstellen und dadurch Manchen verführen, sich einer schweren Gefahr leichtsinnig auszusetzen, die er sonst vermieden haben würde. Kein Schnaps und kein Liqueur gibt eine Sicherheit gegen die Erkrankung und noch weniger eine Wahrscheinlichkeit der Heilung.

Dagegen gibt es wohl Vorsichtsmaaßregeln, welche die Gefahr zum größten Theil beseitigen können, und diese wollen wir im Nachstehenden genauer besprechen, da sie nicht bloß den Behörden, sondern auch den einzelnen Hausvätern und Gewerbetreibenden bekannt sein sollen. Denn die Behörden allein können hier nicht helfen.

4) Welche Vorbeugungs-Maaßregeln gegen die Verbreitung der Trichinen sind nöthig?

In der geschichtlichen Einleitung habe ich diejenigen Thiere erwähnt (S. 5), bei welchen bis jetzt Trichinen gefunden sind. Man ersieht daraus leicht, daß es sich hier nur um fleischfressende (carnivore und omnivore) Thiere handelt. Allerdings ist der Maulwurf darunter aufgeführt, den sonderbarerweise noch mancher Landwirth für ein pflanzen-, namentlich wurzelfressendes Thier hält, aber seine große Bedeutung als Vernichter von Engerlingen, Regenwürmern, Schnecken, Mäusen und jungen Ratten hat der kürzlich verstorbene Gloger[1] in einigen seiner verdienstlichen Schriften hinreichend auseinandergesetzt.

---

[1] Gloger, die nützlichsten Freunde der Land- und Forstwirthschaft unter

Andererseits ist oben (S. 35) angeführt, daß selbst Fütterungen mit trichinischem Fleische bei verschiedenen Thieren, namentlich dem Schaaf und Rind erfolglos blieben.

In der That liegt es auf der Hand, daß im gewöhnlichen Gange der Dinge Trichinen nur bei Fleischfressern vorkommen können. Denn wir haben ja gesehen, daß die Darmtrichinen lebendige Junge erzeugen, welche in das Fleisch einwandern und nur hier ihre weitere Entwickelung erlangen (S. 29), daß sie aber aus dem Fleische nicht anders herauskommen können, als indem das Fleisch wieder gefressen oder gegessen wird. Dieser regelmäßige Kreislauf vom Darm zum Fleisch und vom Fleisch wieder zum Darm ist aber nur möglich bei Fleischfressern.

Freilich gibt es zwei Ausnahmen davon.

Einmal sind die pflanzenfressenden Thiere nicht so absolut in der Wahl ihrer Nahrung, daß sie nicht gelegentlich auch einmal Fleisch zu sich nähmen. Wenn man einem Kaninchen, einem Rind, einer Taube kleine Fleischstückchen in den Mund bringt, so schlucken sie es herunter, und darauf beruht ja eben die Möglichkeit, bei ihnen Fütterungen mit trichinischem Fleisch vorzunehmen, auf welche im Vorstehenden mehrfach hingewiesen ist. Es könnte daher durch irgend einen Zufall wohl geschehen, daß auch ohne künstliche Fütterung ein Pflanzenfresser einmal trichinisches Fleisch genösse, indeß kann ich zum Trost meiner Leser hinzufügen, daß bis jetzt wenigstens ein solcher Fall noch nie beobachtet ist.

Es ist aber auch noch ein anderer Weg denkbar, als der durch den Genuß von Fleisch, auf welchem eine Ansteckung erfolgen könnte. Schon Leuckart [1]) hat diese Möglichkeit nachgewiesen. Wenn nämlich bei einem Thiere, welches trächtige Darm-

---

ben Thieren. Zur Belehrung für Landleute und Landschullehrer. Berlin 1859. S. 9. Kleine Ermahnung zum Schutze nützlicher Thiere als naturgemäßer Abwehr von Ungezieferschäden und Mäusefraß. Berlin 1862. S. 7.

[1]) Leuckart a. a. O. S. 18. 50.

trichinen besitzt, diese mit den Kothentleerungen abgehen, so könnte es sein, daß dieser Koth und damit natürlich auch die darin ent= haltenen Trichinen von anderen Thieren gefressen würden. Gerade von den Schweinen ist es aber hinreichend bekannt, daß sie, und zwar besonders menschlichen, Koth häufig genug verzehren. Daß auf diese Art eine Uebertragung ohne eigentlichen Fleischgenuß er= folgen könne, ist klar, und obwohl diese Art der Uebertragung bis jetzt nur auf dem Wege des Versuches, nicht auf dem der gewöhn= lichen Erfahrung festgestellt ist, so ist es doch sehr wahrscheinlich, daß gerade bei Schweinen dieselbe öfter vorkomme und die Möglich= keit läßt sich nicht ableugnen, daß auch andere Thiere gelegentlich auf diesem Wege angesteckt werden mögen.

Von den (ohne voraufgegangene Fütterung beobachteten) Trichinen der Maulwürfe, der fleischfressenden Vögel, ja selbst der Katzen steht es, wie erwähnt, noch nicht ganz fest, ob sie mit denen der Schweine und des Menschen identisch sind. Auf alle Fälle kommen sie, wenn man von dem in großen Städten zuwei= len geschehenden Genusse von Katzenfleisch absieht, nur insofern für die hier vorliegende Untersuchung in Betracht, als möglicher= weise die Schweine durch Vermittelung anderer Thiere erkran= ken könnten. Jedoch liegen dafür bis jetzt keine bestimmten An= haltspunkte vor, und es wäre nur bei ferneren Beobachtungen darauf Rücksicht zu nehmen, gleichwie es ein Gegenstand besonderer Aufmerksamkeit sein sollte, festzustellen, woher die Maulwürfe ihre Trichinen beziehen.

Ich betrachte also zunächst das als ausgemacht, daß in Beziehung auf die menschliche Nahrung als verdächtig nur die fleisch= fressenden, die „unreinen“ Thiere und unter ihnen als die verdächtigsten die Schweine anzusehen sind. Ob auch das wilde Schwein der Ansteckung ausgesetzt ist, weiß man bis jetzt nicht. Dagegen können die pflanzenfressenden Thiere als rein und unverdächtig gelten, und wenn gerade in der neue=

ften Zeit das Gerücht verbreitet wird, daß manche der trichinischen Schweine auf Abdeckereien erzogen und mit Fleisch von getödteten oder gefallenen Thieren gefüttert seien, so ist dieß nicht bloß, wie ich mich durch besondere Nachfragen in Hettstädt u. a. m. überzeugt habe, thatsächlich unrichtig, sondern es ist auch theoretisch falsch, weil das auf Abdeckereien vorsindliche Fleisch gewöhnlich von Pflanzen= fressern (Pferden, Rindvieh, Schafen u. s. w.), also von „reinen" Thieren herstammt.

Die wesentliche Sorge der Behörden und der Ein= zelnen hat sich daher auf die Schweine zu lenken. Hier ergeben sich nun folgende Gesichtspunkte.

1) Es muß der Ansteckung der Schweine durch Trichinen so viel als möglich vorgebeugt werden.

Ich erwähne hier noch einmal, weil es mir so oft in Pri= vatgesprächen vorgehalten ist, daß von einer Entstehung der Trichinen in den Schweinen oder wo sonst nicht die Rede sein kann. Trichinen werden gezeugt, wie Menschen, von Vater und Mutter; sie pflanzen sich fort in legitimer Erbfolge, und ihr Vor= kommen in einem Thier setzt daher selbstverständlich die An= steckung des letzteren von außen her und zwar durch die Nah= rung voraus.

Es wird also vor allen Dingen nothwendig sein, die Nah= rung der Schweine zu überwachen, und ihnen so viel als möglich die Gelegenheit zu entziehen, verdächtige thierische Stoffe zu ge= nießen. Als solche haben wir aber einerseits trichinisches Fleisch, andererseits Darmabgänge von trichinischen Individuen, nament= lich menschlichen Koth, anschuldigen müssen. Reine Stall= fütterung bei größter Reinlichkeit, wie sie übrigens das Interesse der Viehzüchter selbst erfordern sollte, müßte die größte Sicherheit geben, obwohl natürlich zufällige Ansteckungen nicht un= bedingt vermieden werden können. Ob die Waldmast vor allen

Gefahren sichert, steht dahin; Erfahrungen fehlen, und die Thatsache, daß auch wilde Thiere Trichinen haben können, mindert
wenigstens die theoretische Sicherheit.

Jedenfalls werden besonnene Landwirthe und Viehzüchter
durch diese Bemerkungen auf einen wichtigen Gesichtspunkt aufmerksam werden. Ich füge noch hinzu, daß bis jetzt die meisten
Epidemien von Trichinenkrankheit aus sächsischen Bezirken bekannt
geworden sind, und daß gerade in mehreren derselben Stallfüt-
terung die Regel ist. Hier würde also besonders eine skrupulöse
Reinlichkeit zu empfehlen sein.

2) Es muß eine sorgfältige Fleischschau vorgenommen werden.

Nach dem früher Auseinandergesetzten gibt es kein sicheres
Zeichen der Trichinenkrankheit bei Schweinen. Es bleibt also
nichts übrig, als eine sorgfältige Untersuchung des Fleisches.
Daß dazu nur in wenigen Fällen, nämlich in denen, wo die
Trichinen eingekapselt und verkreibet sind, die Betrachtung mit
bloßem Auge genügt, habe ich gezeigt; es bedarf meist einer mikroskopischen Untersuchung.

Wenn zu diesem Zwecke die besten Instrumente, wie immer,
vorzuziehen sind, so sind sie doch nicht gerade nothwendig. Im
Gegentheil genügen dazu schon Mikroskope mit mäßigen Vergrößerungen, wobei ich jedoch darauf aufmerksam mache, daß schlechte
Mikroskope, welche eine starke Vergrößerung prätendiren, in der
Regel weniger brauchbar sind, als gute Instrumente mit sehr
mäßiger Vergrößerung.

Auf meine Veranlassung hat der Optiker Hänsch in Berlin
(Karlsstraße 11) kleine Mikroskope eigens zu diesem Zwecke eingerichtet. Dieselben geben eine 100 bis 180fache Vergrößerung und
kosten nur 10 bis 12 Thlr. Für die Untersuchung empfehle ich,
das Fleisch in der (S. 23 und 64) angegebenen Art zu präpariren
und es zunächst mit schwächeren Vergrößerungen zu betrachten.

4

Findet man darin etwas Verdächtiges, so stellt man diesen Punkt genau ein und nimmt nun die stärkere Vergrößerung, um ihn in seine Einzelheiten aufzulösen.

Ebenfalls sehr empfehlenswerth sind die einfachen Mikroskope (Simplex) des berühmten Optikers Schiek in Berlin (Hallesche Straße 15), welche nicht so starke Vergrößerung liefern, aber um so genauer gearbeitet sind. Sie kosten 20 Thlr.

Weniger günstig für die Untersuchung, dagegen überaus bequem für die Demonstration sind die Rappard'schen Instrumente (von Engell und Co. in Wabern bei Bern), wie sie Schäffer und Bubenberg in Buckau-Magdeburg zu 11⅓ Thlr. liefern. Diese Instrumente haben ihrer Einrichtung nach, die wieder durch den Zweck (die Demonstration) bedingt wird, ein mehr diffuses Licht, und weichere Gegenstände, welche man durch sie betrachtet, entbehren der scharfen Contouren, welche gerade für weniger geübte Beobachter höchst wichtig sind.

Für größere Ansprüche sind die gebräuchlichen Mikroskope zu 40—50 Thlr., wie sie Hänsch, Schiek, Wappenhans u. A. in Berlin, Belthle in Wetzlar, Hartnack in Paris (Place Dauphine 21) u. A. liefern, zu empfehlen.

Es fragt sich nun, wer soll diese Untersuchungen vornehmen?

Darauf antworte ich: In Städten sollte überall eine amtliche Fleischschau eingerichtet und durch Aerzte, Thierärzte oder sonstige Naturkundige vorgenommen werden.

In großen Städten ließe sich das natürlich am einfachsten einrichten, wenn man öffentliche Schlachthäuser herstellte. Auch abgesehen von Trichinen läßt sich für diese vielerlei sagen, und mit Recht hat man an verschiedenen Orten, auch Deutschlands, sich schon zu ihrer Einrichtung entschlossen. Für die Städte wird damit eine nicht unwichtige Quelle der Verunreinigung der

Gossen, Höfe, Häuser verschlossen. Hat man Schlachthäuser, so
ist nichts einfacher, als darin Mikroskope aufzustellen, und kein
Schweinefleisch früher zum Verkauf gelangen zu lassen, als bis
ein amtlicher Schein über die Reinheit des betreffenden Thieres
vorliegt. Der betreffende Aufsichtsbeamte wird von verschiedenen
Muskeln desselben Thieres kleinere Theile untersuchen, was in
Zeit von zehn Minuten ausgeführt sein kann, und danach seinen
Vermerk auf den Schein aufzeichnen.

In kleineren Städten, wo man keine Schlachthäuser haben
kann, wird dem betreffenden Aufsichtsbeamten in anderer Weise
Gelegenheit gegeben werden müssen, seine Untersuchung vorzuneh=
men, und ich bezweifle nicht, daß das überall möglich ist. Schon
jetzt haben Metzger an verschiedenen Orten, z. B. in Stettin,
Nordhausen, Königsberg i. Pr., Potsdam, Verträge mit bestimm=
ten Aerzten oder Naturkundigen abgeschlossen, welche ihr Fleisch
prüfen und die Reinheit desselben feststellen. Aber das genügt
nicht, denn es handelt sich hier nicht bloß um das Privatinter=
esse der Metzger, sondern um die öffentliche Gesundheits=
pflege, und für diese hat die Gemeinde, unter Umständen
der Staat einzutreten.

An die Städte schließen sich die größeren Marktflecken und
Dörfer, die größeren Kranken= und sonstigen Anstalten, Schiffe
u. dgl. Nichts ist leichter auszuführen, als daß eine geeignete
Persönlichkeit, ein Arzt, ein Geistlicher, ein Lehrer, ein Schiffs=
kapitain u. s. w. in den nöthigen Manipulationen geübt wird.
Auf größeren Gütern wird der Gutsherr selbst oder dessen In=
spektor, Verwalter u. s. w. gewiß so viel Interesse haben, sich
von der Reinheit des für die Leute und die Herrschaft in Ge=
brauch kommenden Fleisches zu überzeugen, und weder die Arbeit,
noch der Preis des dazu nöthigen Instrumentes kann in irgend
ein Verhältniß gestellt werden zu den Bürgschaften der Sicher=
heit, welche dadurch für Leib und Leben gewonnen werden.

4*

Noch einmal weise ich darauf hin, daß es eine Thorheit ist, zu sagen, die Fälle der Erkrankung seien doch zu selten, um einen solchen Aufwand von Hülfsmitteln durch das ganze Land, ja durch die ganze Welt in Bewegung zu setzen. Was der Einzelne für sich thun will, das ist seine Sache, aber die Allgemeinheit hat die Aufgabe, Gefahren, in welche der Einzelne unbewußt und ohne sein Zuthun gerathen kann, möglichst abzuhalten und insbesondere denjenigen, welche Anderen Schaden bereiten können, ohne es zu beabsichtigen, beizustehen, und wo es nöthig ist, sie zu überwachen, damit sie ihre Thätigkeit wirklich zum Nutzen ihrer Mitbürger ausüben. Ein Metzger, der, wenn auch unabsichtlich, die Veranlassung wird, daß Hunderte von Menschen erkranken und Dutzende davon sterben, kann sich nicht beklagen, wenn er in ähnlicher Weise überwacht wird, wie ein Fabrikant, der mit gefährlichen Chemikalien arbeitet.

Am übelsten sind natürlich die kleineren Besitzer, zumal auf dem platten Lande, daran, welche sich nicht selbst Mikroskope halten können und welche auch Niemand zur Hand haben, der ihnen die Untersuchung macht. Sicherlich wird es einmal dahin kommen, daß ein jeder Lehrer auch ein kleines Mikroskop zu seiner Verfügung hat, aber darüber wird wohl noch einige Zeit hingehen. Bis dahin ist den kleinen Besitzern nur dadurch zu helfen, daß sie sich in der Bereitung ihrer Speisen möglichst vorsehen. — Diesen Punkt haben wir noch ausführlicher zu besprechen.

3) Alles Schweinefleisch muß in besonders sorg= fältiger Weise zubereitet werden.

An nicht wenigen Orten herrscht die Gewohnheit, das Schweine= fleisch roh, namentlich in geschabter Form, zu genießen. Ich sehe dabei ganz von den Metzgern und Köchinnen ab, bei denen dieß mehr gelegentlich vorkommt. Ich will auch nicht davon sprechen, daß zuweilen auf ärztliche Anordnung geschabtes Fleisch gegessen wird, da Aerzte dabei in der Regel nicht Schweinefleisch im Sinne haben. Aber an manchen Orten geschieht dieß gewohnheitsgemäß. So sind gerade in Burg nicht wenige Fälle von Erkrankungen und Todesfällen dadurch entstanden, daß zum Frühstück rohes, geschabtes Fleisch auf Brot gegessen wurde, Fälle, welche um so mehr charakteristisch sind, als zuweilen in derselben Familie einzelne Glieder frei blieben, welche von demselben Fleisch in gekochter oder gebratener Form gegessen hatten, von dem andere, welche schwer erkrankten, roh genossen hatten.

Es wird sich daher wohl empfehlen, Schweinefleisch überhaupt niemals roh zu genießen. Denn selbst eine genauere mikroskopische Untersuchung wird eine absolute Sicherheit nie gewähren können. Einzelne Trichinen können auch dabei übersehen werden, und wenngleich solche einzelnen nach dem Genusse keine besonders schweren Zufälle hervorbringen, so ist es doch ungleich sicherer, diese Gefahr überhaupt zu vermeiden. Wer das Bedürfniß hat, sei es aus medicinischen Gründen, sei es aus Liebhaberei, rohes Fleisch zu genießen, der mag sich doch an Rind- oder Hammelfleisch halten.

Allein auch die Zubereitung an sich gibt keine Sicherheit, wenn sie nicht sorgfältig geschieht. Beim Kochen, Braten, Rösten und Räuchern kann sehr leicht ein mehr oder weniger großer Theil des Fleisches in einem rohen oder nahezu rohen Zustande bleiben, und dann die gleiche Gefahr bringen.

Am größten ist diese Gefahr beim Schinken, namentlich seitdem die Schnell- oder Fix-Methoden der „Räucherung" aufgekommen sind. Hierbei wird der Schinken in Wahrheit entweder gar nicht geräuchert, oder doch so kurz und schwach, daß der größte Theil desselben „frisch" bleibt. Man bestreicht ihn mit Kreosot, Holzessig oder sonst einem brenzlichen Stoff und bringt ihn in den Handel. Enthielt er Trichinen, so bleiben diese nach allen diesen Behandlungen wenigstens innen lebendig.

Ganz anders war es in früherer Zeit. Damals schlachtete

man in der Regel die Schweine im Herbst, hing dann die Schin=
ken in die Räucherkammer oder den Schornstein, bewahrte sie bis
zum nächsten Jahre auf und nahm sie nach einem halben Jahre
oder noch später in Gebrauch. Nach einer solchen Behandlung
sind die Trichinen todt und unschädlich. Aber freilich ist der
Schinken dann trocken und hart, und er schmeckt weniger gut.
Unsere Vorfahren sahen dieß als keinen Vorwurf an. Sie muß=
ten, daß man von solchem Schinken auch weniger ißt; er sättigt
mehr. Sie standen in dieser Beziehung auf demselben Stand=
punkte, wie noch heutigen Tages die Leute in den norwegischen
Gebirgsthälern, die ihr Fleisch nicht räuchern, sondern an der
Luft trocknen, und es dann auch erst nach einem halben oder
ganzen Jahre genießen.

Solchen altmodischen Schinken bekommt man im Handel
nicht mehr. Auch in Westfalen hat die Schnellräucherung Platz
gegriffen. Das Bedürfniß des Handels räumt die Bestände
schnell auf. Daher bietet der käufliche Schinken keine Sicherheit
mehr. Wer seinen Schinken selbst verfertigt oder verfertigen läßt,
hat es in der Hand, die Räucherung und Aufbewahrung lange
genug fortzusetzen, um jede Gefahr zu überwinden, und daher ist
namentlich auf dem Lande und in kleineren Städten bei vorsich=
tigen Leuten weniger zu besorgen. Wer aber den Schinken kauft,
der hat nur zwei Möglichkeiten, sich zu sichern:

Entweder er genießt nur Schinken, der mikroskopisch unter=
sucht ist. Dazu reicht es aus, an verschiedenen Stellen einzelne
Scheiben herauszuschneiden und diese zu prüfen.

Oder er läßt ihn kochen. Im Süden, schon in Süddeutsch=
land, ißt man bekanntlich fast gar keinen rohen Schinken, dagegen
sehr viel gekochten. Daraus erklärt es sich vielleicht, daß bis jetzt
wenigstens so viel weniger Fälle von Trichinenerkrankungen von
da bekannt geworden sind. Indeß fehlen sie doch nicht. Ich
selbst habe in Würzburg ein Paar mal sehr zahlreiche, eingekap=

felte Trichinen beim Menschen gefunden, und in Tübingen, in Heidelberg sind wiederholt Fälle beobachtet.

Zunächst dem Schinken steht die Wurst, und zwar insbesondere die Fleisch= (Cervelat=) Wurst. Leber= und Blutwurst, wenn sie rein bereitet sind, sowie die hier und dort gebräuchliche Reis= und Grützwurst sollten davon ausgenommen sein. Indeß ist die Sicherheit eine geringe, wenn man nicht weiß, wie die Wurst zubereitet ist. Oft genug wird namentlich Leber= und Blutwurst mit Fleisch gemengt, und die Erfahrung hat gelehrt, daß gerade durch solche Wurst und solches Wurstfleisch schwere Erkrankungen herbeigeführt sind (Dresden, Calbe, Burg). In Hettstädt war es namentlich sogenannte Magenwurst oder Schwartenmagen, durch deren Genuß die meisten Erkrankungen erfolgten.

Mit der Zubereitung der Wurst ist in der neueren Zeit eine ähnliche Veränderung vorgegangen, wie mit der Zubereitung des Schinkens. Früher kochte man, wie es freilich noch jetzt in vielen Familien geschieht, die Wurst stärker, um Wurstsuppe zu gewinnen. Die Bratwurst wurde stärker geröstet, die Rauchwurst länger geräuchert und länger aufbewahrt. Heute, zumal in den Städten, wo für den Verkauf gearbeitet wird, muß Alles schneller gehen und die Wurst muß „frischer", saftiger, roher sein. So liebt es der Geschmack der Käufer. Es versteht sich daher von selbst, daß, je mehr die Wurstbereitung aus den Händen der Familie in die Hände des Gewerbetreibenden übergegangen ist, die Gefahr sich gemehrt hat, und vielleicht erklärt das, worüber sich so Viele wundern, etwas die größere Zunahme der Erkrankungen, wenn anders man eine solche zugestehen darf.

Immerhin konnte man auf eine solche Größe der Gefahr nicht vorbereitet sein. Nach einer Mittheilung des Dr. Rupprecht in Hettstädt bereitet man dort die Wurst so, daß das Fleisch mit Schwarten u. s. f. erst 1½ bis 2 Stunden im Kessel gekocht wird; dann wird der Darm gefüllt und die nun fertige Wurst

noch einmal ½ bis ¾ Stunden im Keſſel gekocht. Von einer
ſolchen Wurſt hatte man am Abend des 18. Oktober in einer
Familie Stücke abgeſchnitten und dieſelben in einem Tiegel ge-
ſchmort, bis das Fett ablief, und dann gegeſſen. Alle Glieder
der Familie, fünf an der Zahl, erkrankten; ein kleiner Junge
ſtarb. Und doch ſoll nichts weiter von dem kranken Schweine
genoſſen ſein.

Es begreift ſich nach dieſer und ähnlichen Erfahrungen, daß
ein großer Schrecken durch die Hettſtädter Bevölkerung ging, und
daß die Gemeindebehörde, ſpäter auch die Regierung zu Merſe-
burg, in öffentlichen Bekanntmachungen darauf hinwies, daß auch
das Kochen nicht ſichere. Ich werde ſofort auf dieſe Frage zurückkommen, und bemerke nur, daß nach genauen Ermittelungen
des Dr. W. Müller nach dem Kochen der Schwarten auch rohes
Fleiſchfüllſel mit eingeſtopft und die ſo bereitete Wurſt zwar noch
einer warmen Brühe, aber keiner Siedhitze mehr ausgeſetzt zu
werden pflegt. Immerhin werden dieſe Mittheilungen genügen,
um das Bedenkliche des Genuſſes von Wurſt unbekannter Zubereitung, und namentlich friſcherer Wurſt zu zeigen, und auch
hier wirft ſich, wie bei dem Schinken, die Frage auf, ob nicht
das ſogenannte Wurſtgift, wie das Schinkengift, wenigſtens
zum Theil gleichfalls auf Trichinen zurückzuführen iſt. Namentlich
in Schwaben ſind ſeit Jahren Fälle von Wurſtvergiftungen vorgekommen, wobei die chemiſche Analyſe nichts mit Sicherheit her-
auszubringen im Stande war.

Ich komme endlich zum Kochen und Braten. Es iſt ganz
ſicher, daß eine Trichine, die der wirklichen Siedhitze (80° R.)
ausgeſetzt wird, unzweifelhaft ſtirbt, ja, daß dieß ſchon eintritt[1]
bei einer Temperatur, bei welcher das Eiweiß gerinnt (50 bis
60° R.). Aber eben ſo ſicher iſt es, daß ſehr häufig beim Kochen

---

[1] Fiebler, Archiv für Heilkunde. 1864. S. 27.

und Braten diese Höhe kaum erreicht wird, und daß, wenn sie erreicht wird, doch nicht das ganze Fleisch daran Antheil nimmt. Dieß ist namentlich dann nicht der Fall, wenn große Stücke im Zusammenhang gekocht oder gebraten werden. Man sieht es ja diesen Stücken beim Durchschneiden an, daß sie noch halb oder ganz roh sind. Das Blut und Eiweiß sind nicht geronnen, wie es durch Siedhitze geschieht; die Theile sind noch weich, frisch und roth. Noch mehr gilt dieß von gewissen Arten von Cote= lettes. Hier kann kein Zweifel darüber sein, daß die Trichinen von einer tödtenden Temperatur im Innern des Fleisches nicht erreicht werden, und daß daher die Gefahr durch solches Kochen und Braten nicht beseitigt ist.

Ueber diese Verhältnisse besitzen wir direkte Versuche. Küchenmeister[1]) fand, daß große Stücke Wellfleisch, die un= zerschnitten in den Kessel gelegt waren, nach nur halbstündigem Kochen außen eine Temperatur von 48° R., innen von 44° hat= ten; nach mehr als halbstündigem Kochen nahmen sie außen eine Temperatur von 62 bis 64°, und wenn sie mehrfach durchschnitten in den Kessel gelegt worden, nach einstündigem Kochen innen eine Temperatur von 59 bis 60° an. Bratwurst und Cotelettes er= reichten 50°, Frankfurter Wurst 51°, Schweinebraten, der innen noch blutig war, 52° R. Indeß gelten diese Zahlen natürlich nicht für alle Fälle, und es wird oft genug vorkommen, daß die Temperatur des Fleisches oder der Wurst mehrere Grade unter dieser Temperatur bleibt. Fiedler fand aber, daß Trichinen eine Temperatur von 30 bis 40° R. sehr wohl vertragen, daß sie auch bei 50 bis 52° R. nicht sofort sterben, obwohl sie sich dann nicht mehr lange zu erhalten vermögen.

Es folgt also aus dieser Zusammenstellung, daß das gewöhn= liche Sieden von Brat= und Frankfurter Wurst, sowie die Zube=

---

1) Küchenmeister, Zeitschr. II. S. 314.

reitung von Cotelettes und blutigem Braten eben nur an die Temperatur heranreicht, wo die Trichinen sterben, also keine vollkommene Sicherheit gewährt.

Ich schließe mit den Ergebnissen der Versuche, welche Küchenmeister in Gemeinschaft mit Haubner und Leisering[1]) anstellte:

1) Die Trichinen werden getödtet durch längeres Einsalzen des Fleisches und durch 24stündige heiße Räucherung der Würste.

2) Sie werden aber nicht getödtet durch eine breitägige kalte Rauch-Räucherung, und es scheint auch, daß das Kochen des Fleisches zum Wellfleisch sie nicht mit aller Sicherheit tödtet.

3) Ein längeres Aufbewahren kalt geräucherter Wurst scheint das Leben der Trichinen zu zerstören.

Möge nun Jedermann überlegen, wie weit das Mitgetheilte für ihn bestimmend sein soll. Meine Aufgabe war, nicht sowohl Furcht zu verbreiten und die Bevölkerung noch mehr aufzuregen, als sie es schon gegenwärtig ist, als vielmehr die Wege zu bezeichnen, wie sie sich vor der unzweifelhaften Gefahr zu schützen vermag. Denn es handelt sich hier um Verhältnisse, gegen welche die Polizei allein nicht ankämpfen kann, sondern gegen welche auch der Einzelne versuchen muß, sich zu schützen. Um das aber zu können, muß er eine genaue Einsicht haben in die Einzelnheit der Verhältnisse, und es scheint mir, trotz der vielfachen, schon verbreiteten Mittheilungen über dieselben, daß nur eine zusammenhängende Darstellung allen Zweifeln zu begegnen im Stande sei. Sollte dies gelungen sein, so habe ich meinen Zweck erreicht. Denn das ist ja eben der schöne Beruf der Wissenschaft, daß sie die Wunden, die sie schlägt, auch heilt.

---

[1]) Helminthologische Versuche. S. 8.

Nachtrag.

Obwohl ich die wesentlichen Punkte schon in dem Vorstehenden erörtert habe, so sehe ich mich doch durch mancherlei neue Anfragen, sowie durch die gewiß sehr überraschenden Beschlüsse des Landes-Oeconomie-Collegiums veranlaßt, auf Einzelnes noch genauer einzugehen. Auch liegen einige neue Thatsachen vor.

Vielfach ist die Besorgniß verbreitet, daß auch anderes Fleisch, namentlich von Pflanzenfressern, Trichinen enthalten möchte. Die Regierung zu Merseburg hat sogar in einem öffentlichen Erlaß vom 18. Januar 1863 erklärt, Rindfleisch sei nicht frei davon. Meines Wissens ist diese Besorgniß ungegründet. Ich kenne nur eine Thatsache, welche das Rindfleisch zu verdächtigen scheint. In der Calber Epidemie behaupteten einzelne der Erkrankten, von denen übrigens nicht einmal festgestellt ist, daß sie Trichinen in den Muskeln hatten, sie hätten nur Rindfleisch gegessen. Aber sie behaupteten dieß längere Zeit, nachdem sie schon erkrankt waren, und wie unsicher eine solche Behauptung ist, braucht wohl nicht ausgeführt zu werden. Wirklich beobachtet ist trichinisches Rindfleisch niemals. Wäre es richtig, daß Leute, welche die Trichinenkrankheit hatten, durch Rindfleisch erkrankt wären, und zwar durch Rindfleisch, welches sie von demselben Metzger bezogen, von dem andere Leute gleichzeitig trichinisches Schweinefleisch kauften, so wäre doch zunächst zu untersuchen, ob nicht eine zufällige Verunreinigung des Rindfleisches erfolgt war. Eine solche kann in einem Laden, in welchem gleichzeitig Rind= und Schweinefleisch feilgehalten wird, natürlich eintreten, und das ist gewiß ein neuer und wichtiger Grund für eine amtliche Fleischschau und Schlachthäuser.

Ich weiß wohl, daß letztere manche Schwierigkeiten dar= bieten, namentlich in Betreff des Kostenpunktes. Ihre Bedeu= tung ist aber so groß, daß man sich der Aufgabe, welche die Sorge für die öffentliche Gesundheit zu stellen zwingt, nicht aus äußerlichen Gründen entziehen sollte. Sind allgemeine Schlacht= häuser zu schwierig und kostbar, so sollte man doch mindestens solche für Schweine einrichten. Eine große Quelle der Verun= reinigung von Luft und Erdboden würde damit zugleich aus den Städten entfernt werden; namentlich die Durchtränkung des Erd= bodens mit Zersetzungsstoffen, die in großen Städten mit jedem Jahrzehnte und jedem Jahrhunderte in Schrecken erregender Weise zunimmt, würde um ein Bedeutendes vermindert werden.

Kein anderes Thier wird bei uns so massenhaft zur Schlacht= bank geführt, wie die Schweine. In Berlin beträgt der jähr= liche Verbrauch gegen 100,000 Stück. Es verlohnt sich da= her der Mühe, hier einzuschreiten. Die anderen Schlachtthiere, obwohl sie manche gefährliche Krankheiten haben können, bieten doch nicht entfernt eine ähnliche Gefahr. Weder bei Schafen, noch beim Rindvieh sind Trichinen nachgewiesen worden; auch schei= nen diese Thiere nicht einmal empfänglich dafür zu sein (S. 35).

Ungenaue Beobachter werden freilich überall Trichinen finden. Es gibt eine nicht geringe Zahl kleiner Rundwürmer, welche, sei es in ihrem Vorkommen, sei es in ihrer Größe und Ge= stalt, mit den Trichinen Aehnlichkeit haben, ohne deßhalb Trichinen zu sein. Namentlich früher nannte man leicht jeden Rundwurm, der irgendwo im Fleische vorkommt, oder der sehr klein, unent= wickelt und vielleicht spiralig eingerollt ist, eine Trichine.

Sowohl beim Aal[1]), als beim Frosch[2]) kommen in den Primitivbündeln der Muskeln Rundwürmer vor, welche der Trichine sehr ähnlich sind, ohne daß wir sie beßhalb als solche betrachten dürfen. Langenbeck in Hannover[3]) hat kürzlich behauptet, daß die Trichinen sich in vielen niederen Thieren, namentlich in sehr großer Menge im Regenwurm finden, und daß Schweine, die sich, wie namentlich die ungarischen, viel im Freien aufhalten, durch die Regenwürmer, die sie fressen, angesteckt werden. Hier bemerke ich zunächst, daß es noch gar nicht nachgewiesen ist, daß Schweine, die sich viel im Freien aufhalten und namentlich ungarische, häufiger Trichinen haben, als andere. Sodann ist bis jetzt nicht dargethan, daß der Regenwurm überhaupt Trichinen hat. Allerdings kommen in ihm sehr gewöhnlich mikroskopische Rundwürmer vor. Die schon den älteren Beobachtern[4]) bekannte Ascaris minutissima microscopica ist aber eben so wenig eine Trichine, als die von den neueren[5]) aufgestellte Dicelis. Ich habe erst in diesen Tagen mit Herrn Dr. Gerstäcker Vergleichungen angestellt und die wesentlichsten Unterschiede gefunden.

Noch weniger können hier gewisse freilebende Rundwürmer in Betracht kommen. So höre ich von vielen Seiten her die Meinung, daß die Häufigkeit der Trichinenkrankheit in den sächsischen Ländern von der Rübenfütterung herkomme. Nun hat in der That Schacht[6]) davon gesprochen, daß an den Wurzeln der

---

[1]) Bowman, Cyclopedia of anatomy Vol. II. p. 512.

[2]) W. Kühne, Mein Archiv. Bd. XXVI. S. 222. Eberth, Zeitschrift für wiss. Zoologie. Bd. XII. S. 530. Taf. XXXVII.

[3]) Max Langenbeck, Allg. Wiener Med. Ztg. 1864. Nr. 1. S. 6.

[4]) Joh. Aug. Ephr. Göze, Versuch einer Naturgeschichte der Eingeweidewürmer thierischer Körper. Blankenburg 1782. S. 110. Taf. IX. Fig. 10.

[5]) Diesing, Revision der Nematoden a. a. O. S. 627.

[6]) Canstatts Jahresbericht für 1862, herausgeg. von Scherer, Virchow und Eisenmann. Würzb. 1863. Bd. VI. S. 12.

Zuckerrüben Trichinen vorkämen, aber daß diese Bezeichnung mehr
als eine allgemeine Ausdrucksweise ist, muß ich durchaus bezweifeln.
Es mögen diese Würmer eine große Bedeutung haben, da nach der
Fütterung mit schlechten Rüben Seuchen unter den Ochsen ent=
stehen und manche Thiere zu Grunde gehen sollen, aber es ist
erst darzuthun, daß gerade die Würmer die Ochsen krank machen.

Alles spricht vielmehr dafür, daß die gewöhnliche Uebertra=
gung der Trichinen auf Schweine durch das Fressen der Darm=
abgänge geschieht, und daß in einer Gegend, in welcher die
Krankheit häufiger vorkommt, auch zu jeder Zeit einzelne Men=
schen oder Schweine vorhanden sind, welche Trichinen haben und
von denen aus sie sich gelegentlich epidemisch verbreiten. Ich
habe darauf hin die vorliegenden Thatsachen von Neuem geprüft
und manche Anhaltspunkte gefunden.

Wie es scheint, bestehen an manchen Orten wirkliche En=
demien, d. h. fortlaufende Erkrankungen. Im Regierungsbezirk
Merseburg reicht die sichere Beobachtung schon bis zum Jahre
1845 zurück, in Hamburg bis 1851 (S. 40), und noch jetzt
sind gerade diese Gegenden sehr ausgesetzt. In Plauen war eine
größere Epidemie im März 1862, eine zweite in der Nähe, in
Falkenstein, im Mai 1863, und in Plauen selbst im September
desselben Jahres [1]). In Magdeburg erstrecken sich die bekannten
Erkrankungen über eine Zeit von 4 Jahren [2]). Am meisten
charakteristisch ist aber das Auftreten auf der Insel Rügen. Die
erste bekannte Epidemie fand Anfang 1861 statt, wo trichinisches
Schweinefleisch von dem Gute Vorwerk auf der Halbinsel Jasmund
auf drei Güter, nordwestlich von Garz, nehmlich Plüggentin, Muh=
litz und Vergelase gebracht wurde, und an allen vier Orten Er=
krankungen stattfanden. Im Januar 1863 kamen neue Fälle zu

---

[1]) Königsdörffer, Deutsche Klinik 1863. Nr. 47.
[2]) Seubler, Ebendas. 1863. Nr. 2.

Spycker auf Jasmund vor [1]), und soeben erhalte ich durch Herrn
Dr. Holthof Nachricht von einer kleineren Epidemie zu Uselitz,
südlich von Garz.

Wenn hier einerseits die Verschleppung der Krankheit un=
zweifelhaft ist, so liegt andererseits die Vermuthung nahe, daß
sich gewisse Heerde bilden und erhalten, von wo die neuen Er=
krankungen und Verschleppungen ausgehen. Genießt ein Mensch
trichinisches Fleisch und werden seine Darmausleerungen von
einem Schweine gefressen, so wird nach einem gewissen Zwischen=
raum die Gefahr der Erkrankung wiederum an Menschen heran=
treten. Denn in der Regel wird ein' halbes oder ganzes Jahr
darüber hingehen, ehe diese Schweine wieder geschlachtet werden.

Diese Möglichkeit sollte der Prüfung der Behörden und der
Einzelnen auf das Ernsteste unterliegen. Vielleicht gelingt es so,
den letzten Schleier, welcher noch über den Trichinen=Erkrankungen
liegt, zu lösen; zum mindesten wird man ihn lüften.

. Bei der Untersuchung des Schinkens und der Wurst, welche
ich von Uselitz erhielt, zeigte sich, daß die Zahl der darin ent=
haltenen Trichinen eine verhältnißmäßig kleine war und daß es
eine nicht geringe Sorgfalt erforderte, die Thiere zu finden. Es
veranlaßt mich dieß, noch einmal darauf hinzuweisen, daß gerade
die Untersuchung einer Wurst höchst unsichere Resultate gibt, und
daß man nur dann ganz sicher ist, wenn man weiß, daß die
Wurst von reinem Fleisch angefertigt ist. Wie ist es möglich,
zu sagen, daß eine Wurst rein ist, wenn man nicht weiß, ob das
dazu verwendete Fleisch von einem und demselben Thier genom=
men ist, ob in dem oberen Theile der Wurst Fleisch derselben Art
ist, wie in dem unteren? Bei Schinken ist es ganz anders. Hier
genügt eine Untersuchung, und wenn die Metzger nur Schinken
verkauften, der durch ein angefügtes, amtliches oder ärztliches

---

[1]) Landois, Ebendas. 1863. Nr. 4.

Siegel als unverdächtig bezeichnet ist, so könnte man ganz ruhig sein.

Handelt es sich nun um eine solche Untersuchung, so sollte man recht große, aber zugleich recht dünne Fleischscheiben von etwa 1 Zoll Länge und ½ Zoll Breite abtragen und untersuchen. Denn nur so kann man den Zufall einigermaaßen ausschließen, daß man vielleicht gerade zwischen den Trichinen durchschneidet. In dem Schinken aus Ueselitz waren in so großen Scheiben nur 1 bis 2 Trichinen. Man sollte ferner recht genau nach dem Verlaufe der Fleischfasern und nicht etwa schief oder quer durch dieselben schneiden, um recht große Abschnitte derselben Fasern übersehen zu können. Man sollte endlich das Fleisch recht glatt auf das Untersuchungsglas ausbreiten, da sonst leicht einzelne Fasern sich umschlagen oder einrollen und dem Ungeübten den Eindruck von Trichinen oder wenigstens von Rundwürmern machen könnten.

Zum Schlusse erwähne ich noch, daß der reine Speck nach allen Erfahrungen unverdächtig ist und daher ohne Sorge genossen werden kann; ebenso alle inneren, nicht muskulösen Theile, z. B. Gehirn, Leber, Nieren u. s. f.

Inhalt.

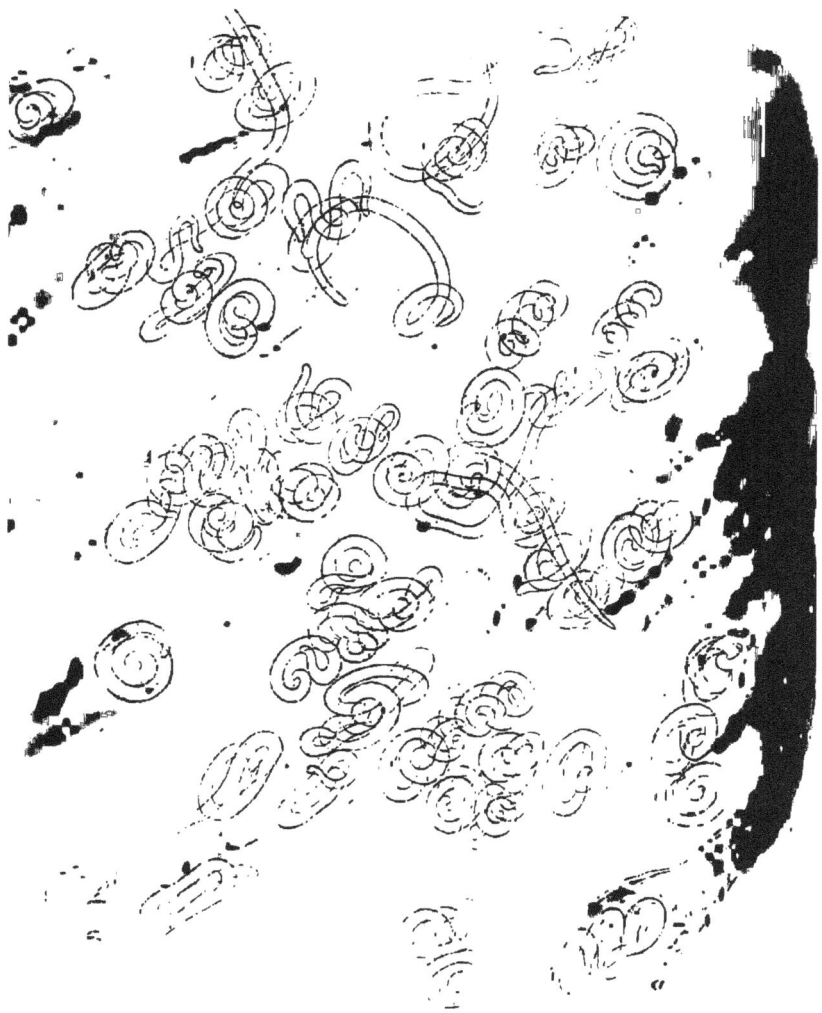